CEO基因

THE CEO NEXT DOOR

The 4 Behaviors That Transform Ordinary People into World-Class Leaders

四種致勝行為，帶他們走向世界頂尖之

艾琳娜·L·波特羅 Elena L. Botelho　金·R·鮑威爾 Kim R. Powell——著　張簡守展——譯

名人盛情推薦

艾琳娜和金根據一萬七千份評估案例的豐富資料及經過實證的眞人經驗，提供精采又精闢的職場發展藍圖，必能協助你發掘及發展成爲高階主管的相關能力。

——蘭德爾．史帝文森（Randall Stephenson），AT＆T董事長暨CEO

艾琳娜和金運用大數據及深入分析，全面探討企業界的重要人物。書中提到的這些人物都是成功入主邊間獨立辦公室的佼佼者，他們對企業領導的深入見解必能裨益公司、領導者及有志之士，協助其有效翻轉現況，朝成功邁進。

——泰利斯．特謝拉（Thales Teixeira），哈佛商學院副教授

不論是滿懷壯志的CEO，還是已晉升企業金字塔頂端的高階主管，本書都是首屈一指的指導手冊。艾琳娜和金引人入勝的研究及眞實故事，形同提供了成爲領導者及締造成功職涯的實用藍圖，讀者在所有職涯階段皆能實際應用。

——亞特．柯林斯（Art Collins），醫療用品公司美敦力（Medtronic）前董事長暨CEO

艾琳娜和金挑戰傳統上對於職涯發展的論述，寫出這本近幾年來最實用可信的職涯成功指南！本書帶我們深入探索領導者的幕後人生，我們才得以了解領導者如何爭取夢寐以求的職位，以及如何締造成功、面對失敗……坦率直白的敘事風格令人耳目一新，研究扎實有說服力。不管你已立志成為CEO，或是剛踏入職場的菜鳥，這本書必能提升你成功的機率，協助你避開令人煎熬的職場挫折。

——傑奎琳・雷瑟斯（Jacqueline Reses），電子支付公司Square資金管理及人事主管

每位CEO都來自不同背景，舉凡經濟狀況、學歷、家庭、性別、種族、膚色、籍貫、性向等，都可能大相逕庭。他們大部分都能盡忠職守，其中有些人的表現特別優異，當然也有少數人一敗塗地。抵達目的地的這一路上，每個人都有段獨一無二的奮鬥故事。那麼，頂尖人才與二流及後段班之輩有哪裡不同？作者艾琳娜與金便是針對這個問題深入探究，有條理地區分了職場明星及平庸之才的習慣及特質，成果斐然。書中時常引用實際案例及眞人事蹟，進一步加強論點的可信度，最後並以積極樂觀的口吻作結，強調所有領導位階的主管只要秉持決心及進取心，就能專精成功所需的所有能力。所有立志爲世界帶來改變的人，千萬別錯過這一本好書。

——拉伊．古普塔（Raj L. Gupta），汽車零部件公司德爾福汽車（Delphi Automotive PLC）董事長，以及美國鋁業公司（Alcoa）、領航投資集團（Vanguard）、IRI市調公司董事

本書所提供的研究結果及資料彌足珍貴，爲這一個長期以道聽塗說及盲目推測爲核心的主題注入一股活水。無論你懷抱著CEO夢，或是想在專業上充分發揮潛能，甚或是擔任董事或人資長，負責培養及遴選下一任領導者，若能將書中所述的精闢見解化爲實際行動，成功機率必能大幅提升。

——凱文．考克斯（L. Kevin Cox），美國運通公司（American Express）人力資源長

本書從實證的角度深入研究企業領導，以扎實且深入的研究全面揭露CEO的四種致勝行爲，爲讀者規畫成功途徑之餘，也提供立於不敗之地的誠摯建議。不管是有理想的領導者、CEO、董事，還是負責培養未來領袖的相關從業人員，本書都值得用心研讀。

——吉姆．唐納德（Jim Donald），星巴克（Starbucks）與美國長住飯店集團（Extended Stay Hotels）前CEO

作者思路清晰，本書堪稱經營大小企業的實戰指南。全書重點不在資格、家世、外貌、經歷或資源，而是著重於探討如何決策、適應改變、展現同理心及收集資訊。本書揭發在職場上登峰造極背後不爲人知的祕辛，並提供眞正實用的忠告與建議，不論何種性別或背景皆可獲益匪淺。全書內容深刻務實，絕對啓發人心。

——史都華・戴蒙（Stuart Diamond），身經百戰的創業家、《紐約時報》暢銷書《華頓商學院最受歡迎的談判課》（*Getting More: How to Be a More Persuasive Person in Work and Life*）作者與華頓商學院教授

本書極具參考價值。書中集結生動的故事和訪談，並以深入扎實的資料輔佐論點，是所有類型的企業領導者必讀之作！

——蘇珊・帕卡德（Susan Packard），家園頻道（HGTV）共同創辦人、作家與媒體執行製作

立志入主企業高層辦公室一展長才的人，絕對不可錯過這本書。全書主軸以分析爲導向，揭開高效領導者所需具備的各項特質，所有人都能從中獲益，發展個人能力。

——吉姆・古德奈（Jim Goodnight），賽仕軟體公司（SAS）CEO

CEO工作中，成長背景和好運都不是重點，實際表現及努力才是致勝關鍵。不管未來或現在，CEO唯有具備決斷力、影響力、可靠特質及無畏的調適力，才能在領導的舞台上發光發熱。本書每一頁都引人入勝，眞正想精進領導能力的人不容錯過！

——薇琪・艾絲嘉拉（Vicki Escarra），達美航空公司（Delta Air Lines）前行銷長，以及賑濟美國組織（Feeding America）與國際機遇組織（Opportunity International）等非營利組織CEO

書中以各種規模的代表性組織（包括私人企業及非營利組織）為實際案例，提供精采豐富的實務經驗以供借鏡。所有CEO、董事、有抱負的高階主管都應該好好讀這本書！

——帕翠克・葛羅斯（Patrick W. Gross），美國管理系統公司（American Management Systems）共同創辦人

謹獻給Mamulech、Baba Valya、Liolia、Murochka——這本書證明了沒有辦不到的事。

謹獻給我的頭號粉絲，也感謝AJN為我做的一切。

目錄

Part 1 充實自我：精通CEO致勝行為 15

Part 2

攀上顚峰：奪下夢幻工作 167

Part 3 穩健收穫：從容面對職務挑戰

Part 1

充實自我

精通CEO致勝行為

1 充實自我 ❯ 2 攀上巔峰 ❯ 3 穩健收穫

- 果斷決定
- 從交際中創造影響力
- 力求沉穩可靠
- 大膽調整

Chapter 1

CEO基因大解密

親愛的，其實你一直都擁有力量。

——法蘭克・包姆（L. Frank Baum）

《綠野仙蹤》（*The Wonderful Wizard of Oz*）作者

你不是當CEO的料。大多數人從小就無條件認同這個「事實」。你可能相當具有天分、比任何人都努力、每件事情都處理得恰到好處，但旁人總是告訴你，要是你的外表不夠稱頭、履歷上的學經歷不夠亮眼、家世背景不夠顯赫，就別妄想飛上枝頭變鳳凰，出人頭地。因此，我們認定CEO本來就不是「一般人」的人生選項。

世界的發展日新月異，但企業領導方面的論述，始終只有眼光獨到的產業先知史蒂夫·賈伯斯（Steve Job）及知名企業執行長傑克·威爾許（Jack Welch）之類的大人物，有資格說上幾句。這些刻板印象中的典型CEO，擁有權勢、高高在上、作風大膽又能言善道，渾身散發個人魅力，而且學經歷通常無可挑剔。他們彷彿是在傳達神諭般四處宣揚企業的決策金律，以超乎凡人的自信縱橫全球，從瑞士達沃斯（Davos）到美國底特律（Detroit）都可以看見他們的身影。他們是卓越的策略家，所到之處都受惠於他們的專業貢獻才能而變得更好。這樣的成功故事在社會上不斷傳頌，我們也因此耳濡目染了幾十年。

難怪我們總是自認爲不是當CEO的料！我們心知肚明，自己完全不符合這種刻板印象中CEO應有的人格特質。

但是，唐·斯萊格（Don Slager）顛覆了我們的認知。我們在二〇〇五年認識斯萊格時，他壓根兒不認爲自己適合當CEO。那天，我們的團隊和他一起出席會議，他禮貌地與我們握手，手掌寬大又厚實，彷彿勞工的手。他超過一八〇公分的身高，配上有如架線工人的魁梧身形，令人生畏。然而，當我們與他握手時，卻意外感覺不到領導者的自信。斯萊格向我們透露，他不確定自己能不能勝任CEO的職務。他喜歡原本的營運長工作，覺得自己並不適合擔任CEO。他懷疑自己根本不是理想人選，甚至認爲評選委員不會認眞考慮錄用他。

斯萊格**不是**一般印象中那種典型的CEO。他在距離芝加哥不遠的藍領社區長大，就住在伊利諾州蘭辛（Lansing）的蓋瑞工程鋼鐵公司（Gary Works）附近。在成長過程中，他接觸的盡是焊工、卡車司機和煉鋼廠工人，並非知識分子。斯萊格當時的隔壁鄰居肯定不是CEO。他選擇就讀高職，希望未來進入建築公司工作，但畢業後遭逢建築業不景氣，因此駕駛垃圾車成了他進入社會後的第一份工作。六年內有一大半時間，他都在凌晨兩點四十五分打卡上班、三點開車上路，然後忍受十到十二小時千篇一律的枯燥工時，而且不受人敬重。一週結束後，他會領到薪水，下週再繼續一模一樣的工作，日復一日。

弔詭的是，斯萊格後來不僅成了**貨真價實**的CEO，還是能力卓絕的傑出CEO。在他的領導下，共和服務公司（Republic Services）的股價表現，在二〇二一二年到二〇一六年期間，超過標準普爾（Standard & Poor）的平均報酬率，成爲《財星》（*Fortune*）雜誌五百大企業中廢棄物處理業的龍頭企業，年收益超過九十億美元。二〇一五年，共和服務公司的表現優於標準普爾的八倍。自從斯萊格上任以來，共和服務公司的市值從一百十五億美元增加至二〇一七年的二百二十億美元，成長了將近一倍。根據共和服務公司員工匿名提供的資料顯示，斯萊格在求職網站玻璃門（Glassdoor）上獲得員工愛戴獎（Employees' Choice Award），並榮登該網站二〇一七年最佳ＣＥＯ排行榜①。

斯萊格不曾在哈佛商學院上過任何企業管理課程，甚至沒有大學學歷。他的領導長才奠定於扎實的藍領根基，以及在愛荷華州德梅因（Des Moines）和伊利諾州芝加哥駕駛垃圾車長達六年的工作經驗。是斯萊格的領導才能和抉擇（而非出身背景），將他推上廢棄物處理業的頂尖地位。斯萊格的父親將「每天上工不曠職」奉爲座右銘，只要兒子的在校成績不差、確實做完家事，就不干涉他的生活。這樣的管教方式在無形中培養了斯萊格獨立自主、負責可靠的個性，這對於傑出ＣＥＯ而言是相當重要的人格特質。

斯萊格總是付出一一〇%、全力以赴的行事作風，吸引了重量級前輩的慷慨指導，協助他往更遠大的目標邁進。以往他爲了清空所有垃圾桶而長時間工作，這樣的訓練給予他強勁的韌性，不僅幫助他在職場上立足，更在公司面臨重整、大量員工離職及遭到解雇時，促使他在逆境向上，最後嶄露頭角成爲領導者。更重要的是，其出身賦予他天生的權威感，有助於他與「典型」白領思維的高階主管抗衡，堅持個人意志，以帶領公司浴火重生。

斯萊格成爲共和服務公司的CEO之前，幾乎待過公司裡的所有職位，並曾以營運長的身分與四位CEO共事。直到二〇〇五年，斯萊格仍不確定該不該挑戰CEO一職，自身的意願始終搖擺不定。擔任CEO，有幾件事讓他不敢領教，像是必須迎合華爾街的要求。他最後會答應接下CEO的職務，完全是出於一個簡單的初衷。他希望帶領共和服務公司成爲「美國首選」，而要實現這個願景，有些事只有當上CEO才有能力達成，包括擬定策略、組織團隊、形塑企業文化，將公司一步步推上巔峰。

就這樣，一個沒有高學歷文憑的垃圾車司機當上了企業CEO，而且獲得員工和競爭對手一致的肯定，成了衆人口中極具熱忱且值得尊敬的傑出領導者。斯萊格從垃圾車駕駛座到邊間獨立辦公室的歷程或許罕見，但並非天方夜譚。還是有不少CEO和他一樣，出身於看似希望渺茫的家庭背景，像是保險公司埃特納（Aetna）的馬克·貝托里尼（Mark Bertolini），以及汽車座椅與電子系統供應商李爾（Lear）

的麥特·席蒙奇尼（Matt Simoncini），都是很好的例子。儘管他們都是看似平凡的一般人，但都成就了不凡的事業。這些CEO就像住在隔壁的鄰居一樣，不再遙不可及。

我們怎麼會知道？因爲我們在一家名爲ghSMART的公司擔任企業領導顧問，輔導過至少三百名CEO，給予他們專業建議，因此對他們的經歷與背景瞭如指掌。董事會、即將卸任的CEO和投資人需要仰賴我們的客觀意見，在我們的協助下遴選**合適**的CEO人選、進行職前訓練，並教導新任CEO如何充分發揮領導潛能。我們會先採取嚴苛的分析作業，再告訴客戶，成功企業應有的樣貌，以及達成此目標所需的領導者條件，接著評估可能人選，預測每位人選上任後的實際表現。我們透過漫長的五階段面談，從每次長達四小時的過程中，了解每位候選人的專業能力、過往成就、行事動機、思維方式及過去曾犯過的錯。我們會照著精心設計的順序拋出問題，從對方一次又一次經過深思熟慮的回答中理出他的眞實面貌。我們從每個人口中，聽到了豐功偉績背後的眞相、痛澈心扉的沉重告白、面臨的挑戰及人生遺憾。

我們收集和分析資料的扎實作業，形同提供了「領導力魔球」（moneyball for leadership）解決方案，協助客戶擺脫以往光靠直覺聘人而做出錯誤決定的夢魘。客戶的獨立分析結果指出，我們採取的方法可以準確到至少九〇%，反觀傳統面試流程則有五〇%的機率會看走眼②。一九九五年以來，我們的團隊至少評估過一萬七千名「長」字輩的高階主管，包括超過兩千名CEO和CEO人選，並在遴選過程中給予相關建議。與董事會或獵人頭公司不同的是，我們以完全客觀的角度分析每一位CEO，不會爲了任何特定結果而有所偏頗。若分析結果顯示候選人的能力適合企業CEO或其他主管職位，我們就會不顧其家世背景而強力推薦，就像當初推薦斯萊格一樣。

當你遇到許多像斯萊格的優秀人才，發現他們都不具備典型的CEO形象時，就會開始質疑傳統的既定觀念。如果這些傑出的CEO都相信既有的領導者刻板印象，他們大概永遠不會努力爭取第一次的升遷機會。看看斯萊格今天的成就，應該沒有人想到十二年前的他會自我懷疑，覺得自己沒有資格坐上CEO的位子。「那時，你們評估了我的能力，說我是『美國夢』活生生的代表，說我擁有擔任CEO的潛力。你們是發掘CEO的專家。幸虧我聽了你們的意見，才會對自己改觀、重拾自信，開始加強自己不足的地方。我決定放手一搏，看看自己有多少能耐。至於接下來發生的事，就如人們所說，已經眾所皆知了。」

這些原本看似不會成功的人生逆轉故事，給了我們很多啓發，進而成爲催生本書的主要推力：**這些「不被看好」的CEO單純只是幸運嗎？還是傳統觀念誤解了傑出CEO應有的本質及條件？**

若把我們協助客戶解決的問題量化，價值相當於一千一百二十億美元。普華永道（PricewaterhouseCoopers）的研究顯示，**聘請或續用不適任的CEO，導致企業每年約蒸發一千一百二十億市值**③。光是二〇一七年五月和六月，就有奇異（General Electric）、美國鋼鐵（U.S. Steel）、福特汽車（Ford）和服飾零售商傑酷（J. Crew）等多家企業的CEO擋不住股東壓力而辭職下台，《紐約時報》因而指稱美國企業執行長的風光時代就此落幕④。**本書試圖解決更宏觀的問題。CEO可說是企業界最引人注目的代表人物，但前述深植人心的刻板印象無疑樹立了錯誤的榜樣和範本，使大眾對領導者存有不切實際的想像。**更糟的是，這些標準讓斯萊格這類人才望之卻步，不敢主動追求高階領導職。「我和典型CEO的形象天差地遠，為何要浪費時間嘗試？」他們時常這麼問。這才是真正令人扼腕之處。

之所以形成如今這種局面，原因之一是我們容易將思維侷限於時常出現在大眾媒體的企業和領導者身上。這樣的視野（通常僅關注《財星》雜誌評選出來的五百大企業）不僅相當狹隘，也非常膚淺。除了這些領導者看似完美無瑕的公眾形象之外，我們對他們幾乎一無所知。我們太習慣忽略其他規模不一的眾多企業了。

如果把視野放大到《財星》雜誌的五百大企業以外，光是在美國，員工超過五人的公司就多達兩百萬家以上⑤，等於有超過兩百萬名CEO，他們的實務領導經驗廣泛豐富，只是不常見於報章媒體而已。這些規模較小的公司是推動美國經濟的重要引擎，產值占美國非農業GDP將近一半⑥。一旦將各種規模的公司行號都列入觀察範圍，並深入分析及了解CEO的個人背景和工作經歷，我們對於CEO「平均概況」的看法會馬上改觀，入主邊間獨立辦公室的機會也將大不相同。相較於躋身《財星》雜誌五百大企業排行榜只有二十四萬分之一的機率，要是能擴大眼界，就會發現當上CEO的機會大幅提高到五十分之一⑦。

我們希望能進一步區別現實與幻想，釐清成功CEO的眞實樣貌，爲此，我們從幾個直接了當的問題著手研究：要如何成爲五十人裡的那位CEO，或是從二十四萬人中脫穎而出？是什麼因素讓斯萊格和其他類似的佼佼者擊敗群雄，登上事業巔峰？他們是如何超越他人？如何獲得賞識？我們可以從他們身上學到什麼？登峰造極和慘遭淘汰的人之間有何不同？

要是可以找到這些問題的答案，就能更精確傳授企業領導的精髓，爲每一個做好萬全準備、意欲徹底發揮潛能的人才，開啓通往CEO康莊大道的入口。更理想的是，我們可以提供達成這個目標的藍圖，引領他們大步邁進。

成爲CEO要有什麼條件？

爲了尋找問題的答案，我們運用ghSMART收集自一萬七千名領導者的資料庫，深入解析。我們的評估面談通常會持續五個小時左右，從中得到的收穫會明顯比傳統面試或心理統計學的評估更爲豐碩。《華爾街日報》（*Wall Street Journal*）將此譽爲「夢寐以求」的資訊，原因在於我們的資料庫兼具領導力資料特有的廣度和深度⑧。爲了挖掘這類資料，我們找來頂尖學者和研究人員導入先進的分析技術。本書以二十一世紀最先進的資料探勘技術，收集全球最全方位的領導力資料，我們對CEO的深入觀察即將首次公開。

十年前，我們與史蒂文・卡普蘭（Robert Steven Kaplan）教授、莫頓・索倫森（Morten Sørensen）教授，以及他們在芝加哥大學和哥倫比亞大學的研究團隊合作，共同解析一萬七千名領導者的資料，之後又擷取其中兩千六百名領導者的資料進一步深入分析。卡普蘭的研究主要以ghSMART分析的三十項職能爲基礎⑨。隨著讀完一份又一份逐字稿，我們逐漸好奇，若是將CEO與非CEO領導者、低績效與出色的CEO並列比較各自的行爲模式，能否比單獨檢視各項職能，更能獲取精闢的解析結果。只不過，要從中歸納出行爲模式，我們必須分析將近十萬頁逐字稿，可謂一大挑戰。

就像比對人類基因一般，欲破解神祕的「CEO基因」也需要藉助先進科學和技術。我們意外找到了解套辦法。二〇一三年，ghSMART創辦人傑夫．斯馬特（Geoff Smart）爲了新書《成功領導方程式》（*Power Score: Your Formula for Leadership Success*，中文名暫譯），與艾琳娜攜手訪問了軟體公司賽仕（SAS）的共同創辦人暨CEO吉姆．古德奈（Jim Goodnight）博士。賽仕公司開發的預測工具是各大銀行和稅務機關用來偵測詐騙行爲的利器，當然這只是其中一種高獲益的應用方式。在訪談過程中，我們突然意識到，要是這套軟體可以處理每年上百萬筆稅務紀錄，或許也能勝任大量的CEO面談逐字稿⑩。因此，我們決定使用這套全球最強大的預測性分析軟體，處理我們認爲是全球最豐富的領導力行爲資料庫。

這項「CEO基因解密專案」是前所未有的創舉，能夠幫助我們了解領導的成功祕訣，挖掘出一般回歸分析從未獲得的結果。我們的發現不僅令人驚喜，也帶來不少啓發。《哈佛商業評論》（*Harvard Business Review*）認爲我們的研究深具參考價值，與現今的企業領導息息相關，於是在封面文章中談及「CEO致勝行爲」（二〇一七年五月／六月號《哈佛商業評論》，刊名爲〈最佳執行長哪裡不一樣〉〔*What Sets Successful ceos Apar*〕）。這篇文章和其他相關報導的全球下載量已累計二十五萬次。我們看著手中的資料和成功CEO的照片，表面上看來，他們與我們印象中亮眼出眾、遙不可及的企業名人相去不遠，但事實上，我們的資料推翻了幾點與CEO有關的迷思[11]。

對CEO的迷思

1. 只有常春藤名校畢業生當得了。事實上，我們分析的所有CEO中，只有七%是從常春藤名校畢業，八%的CEO甚至沒有大學學歷，或是歷經多時才終於畢業。《財星》雜誌的五百大企業中，常春藤名校畢業生比較普遍，但在這少數之外的大多數企業中，學歷和家世相對較多元。

2. CEO從小就注定會出人頭地。在我們訪問的CEO中，超過七〇%在小時候的志願都不是掌管企業。他們通常等到有機會晉升高階主管（這都要經過十五年以上的歷練），才開始認爲自己或許可以勝任CEO一職。

3. CEO都是無比自負的超級英雄。我們滿懷好奇地深入追查那些將「獨立」視爲個人鮮明特質的CEO，發現他們表現平庸的機率比其他CEO多了一倍。相較於其他CEO候選人通常會在談話中選用「我們」當作主詞，能力最差的人選使用「我」的次數明顯較多。對許多傑出的CEO來說，這種以團隊爲主的觀念，多半可追溯至早年在運動競賽及職場上指導他人的經驗。

4. 成功的CEO都擁有出類拔萃的個性，個人魅力和自信不容忽視。好萊塢電影中，企業執行長魅力四射，開會時彷彿宇宙主宰者般無敵，但在眞實的會議現場，唯有具體的成果能使衆人信服。在我們的研究中，有三分之一的CEO自認爲「含蓄內斂」，而這類領導者的表現甚至比較有可能**超越**董事會的期待。至於表現**符合**期望的CEO，個性內向或外向並不會造成顯著的差異。高度自信的人擁有雙倍的機會可以獲選爲CEO，但這項特質對於職務上的表現並未提供任何優勢。

5. 完美履歷是當上CEO的必要條件。事實上，四十五%的CEO候選人至少會犯下一次致命錯誤，因而搞丟工作或替公司帶來極大的損失。即使如此，他們當中依然有七十八%最後攀上事業的高峰[12]。讓CEO與衆不同的條件，不在於從未犯錯，而是他們如何面對及處理錯誤與挫折。能坦然述說挫折經驗的CEO候選人，有一半機率會成爲表現優異的CEO。

6. 女性CEO成功的原因與男性不同。女性的領導風格和特性，或許會與男性有所不同，但就統計上來說，性別不會影響CEO的職場表現。成功的CEO身上（無論男女）總能觀察到四種相同的致勝行爲。在關鍵表現方面，女性與男性CEO的相似之處比差異更多。可惜，還是有一項差距難以改變。雖然每年的數據稍有不同，但大致只有四%到六%的大型企業是由女性CEO當家[13]。

7. 傑出的CEO能勝任所有情況。很多人認爲，優秀的CEO能處理各種狀況，這是一種常見的誤解。事實上，我們發現能力強的CEO通常會深思熟慮，清楚自身的角色和有機會成功的情勢。他們很有自知之明，即使找上門的職缺是掛CEO頭銜，他們依然會斷然拒絕不適合的工作。許多擅長讓企業起死回生的CEO，置身快速擴張的企業環境時，仍然可能面臨大大小小的挑戰，反之亦然。

8. 需要面面俱到才能擔任CEO。每個人都有需要加強的短處，即便是CEO也不例外。就算是績效最佳的CEO，初上任時通常也會有三到六個重大缺點需要改進。快速成功的案例往往是有強大的團隊輔助，從旁彌補其不足的能力和經驗。

9. CEO比任何人都勤奮努力。CEO當然很努力工作，這一點無庸置疑，但各行各業拚命工作的人也所在多有。分析結果顯示，領導者的努力程度無法保證其當上CEO的機率，兩者之間沒有預測關係。此外，就分析樣本中表現**不佳**的案例來看，九十七%的CEO其實擁有絕佳的職業道德與倫理。

10. 要當CEO，愈聰明愈好。智力優於平均是評估高階主管人選的重要指標[14]。然而，一旦當上高階主管，在標準化智力測驗中得到高分，並無法提高獲選爲CEO的機會，也無法保證日後的工作表現。其實，擁有專心致志的特質及簡明清晰的語言表達能力，反而比喜歡吊書袋、賣弄艱澀詞彙的人，更有可能順利成爲CEO。

11. 輝煌經歷才是王道。我們從研究中發現了一項更驚人的結果：統計數據顯示，比起擁有CEO相關經歷，首次擔任CEO就表現得可圈可點，甚至超越期望的比例，不見得比較低。

本書提供的幫助

在賽仕公司、卡普蘭教授，以及芝加哥大學、哥倫比亞大學、劍橋大學、紐約大學、加州大學柏克萊分校和ghSMART的專業人士的幫助下，我們一起破解CEO基因，參與的研究人員有十四名以上，但仍舊無法完成整個專案。爲了貫徹當初設定的宗旨，我們不能只是單純描述CEO應具備的特質。我們的目標是要製作一本成功案例大全，提供可複製的經驗法則，讓所有人都能有所收穫。因此，我們又花了兩年時間檢視研究結果，同時偕同客戶更進一步探討彼此的看法，再比對數千頁文章、逐字稿、論文、書籍和聯合研究所提供的結論。我們重新訪談了資料中的多位CEO，並追加一百場面談，詳細記錄下輔導CEO時所使用的技巧和實務作法。目前已經有超過九千名不同資歷的受試者到我們的網站（www.ceogenome.com）自我評測「CEO致勝行爲」，發現我們給予的建議可以即刻實際應用。

本書結合研究資料和實戰經驗，足以說明坐上企業高階主管寶座所需具備的條件，並提供眞實的成功案例。更重要的是，我們希望本書可以助你一臂之力，縮短你達成職涯目標的時間（不論你設定的目標爲何），同時避免在努力過程中犯下任何讓你痛澈心扉的錯誤。

- **如果CEO是你的職涯志向：**你能透過本書了解如何做好準備，提高達陣的機會。
- **如果你還不清楚未來的就業方向：**你能從本書中了解職場的成功祕訣，從攀上事業高峰的成功人士身上學到如何充分發揮潛能。就像每個人都能在資深教練的悉心指導下有所進步一樣，你也能借鏡當今的成功案例，開拓屬於自己的職場格局。

- **如果你剛成為CEO**：恭喜你！記得扣緊安全帶！在本書中，你會看見新手CEO容易落入的圈套和陷阱，個個都需付出龐大代價，令人心痛。我們會提供實用建議，幫助你避開CEO可能遇上的危險，縮短獲致成功的時間。
- **如果你是經驗豐富的CEO或董事**：推薦下一任領導者或許是你責無旁貸的目標之一。本書會提供經過實證的相關步驟及觀點，除了幫助你達成任務，也避免你選錯人。

本書內容架構

本書旨在整理我們這二十年來輔導CEO、投資人和董事會的經驗，加上跨學科團隊歷時上千個小時的探討和研究，據以提供具業界優勢和經實證的職涯發展建議。我們會說明該如何**充實自我**、**攀上巔峰**，以及成為CEO後如何徹底發揮實力，**穩健收穫**。

Part I　充實自我：精通CEO致勝行為

哪些致勝行爲能促使一個人以CEO之姿領導衆人？什麼原因讓一個人可以出類拔萃？什麼才是眞正重要的能力或行爲？我們的研究以統計方法揭發了與成功息息相關的**CEO四大致勝行為**，包括**果斷決定**、**從交際中創造影響力**、**力求沉穩可靠**及**大膽調整**。值得一提的是，這些都**不是與生俱來**的特質，而是經由不斷練習和相關經歷所培養而成的後天行爲，職場生涯中的任何階段都適合自我鍛鍊及發展。在接下來四章中，我們會解說及探討每種致勝行爲，並提供有助於提升自我的實用方法。讀完本書，你會知道哪種致勝行爲對你加倍有效，不僅能增加你成功的機率，也幫助你率先掌握進駐獨立辦公室的機會。

Part II　攀上巔峰：奪下夢幻工作

我們深入分析數千名領導者的職涯發展，期能揭露成功背後的模式。若能熟知這些模式，就可以在他人踏入職場之前給予有效的輔助。另外，我們也檢視幾位CEO的職涯選擇和經歷，探討是哪些條件讓他們得以**提早**擁有頂尖地位。最後，我們會帶你進入企業運作的後台，揭開董事會如何決定CEO人選的神祕面紗，告訴你如何提升獲選機會。表面上看似高度理性的遴選程序，其實充滿了感性與偏見。先舉個簡單例子，口音重的候選人成爲CEO的機率比其他人少了十一倍⑮。在本書，我們會提醒你一些職場地雷，帶領你安全走過地雷區，不管你的家世背景爲何，皆可受用。

Part 3 穩健收穫：從容面對職務挑戰

每年下台的CEO中，有四分之一是非自願卸任⑯。在你負責掌管企業與組織後，容許犯錯的空間微乎其微。任期前兩年是新手CEO的成敗關鍵期。登上巓峰還不夠，我們還要告訴你如何成功，以及如何避開一路上可能遭逢的危險。

CEO難免會感覺到「高處不勝寒」，我們接觸過的CEO新手大多把董事會視爲最棘手的挑戰。但是，七十五%的資深CEO告訴我們，他們首次擔任CEO時，所犯下最嚴重的錯誤其實跟董事會毫不相干！眞正原因通常是所託非人，或是進度太慢，團隊無法在第一時間步上正軌⑰。我們會解釋如何避免類似的錯誤，讓你在就職後兩年內順順利利，不論遇到什麼亂流或挑戰，還是可以穩定前行。本篇的許多研究結果都能幫助你勝任陌生的領導職務。

下一個會是你嗎？

我們已經協助幾位極不可能當上ＣＥＯ的人獲得成功，像是護士成爲早產兒醫院的首位女性ＣＥＯ，創下該醫院一百六十年院史紀錄；投資公司創辦人剛入行時敗光了父母的四十萬美元積蓄，如今在業界備受尊敬；義大利移民製鞋師傅的兒子，後來經營國際直升機公司和大型科技公司；小時候演戲又唱歌的童星，長大後掌管全國獲利前幾名的大銀行。當然不能漏掉唐．斯萊格，還有許多類似的案例。他們每個人都感覺自己與社會格格不入，一事無成，但到了某個時機點，突然驚覺：「或許我可以當ＣＥＯ。」他們勇敢踏出第一步並全力以赴，無數員工、領退休金的老人、病患和家庭才能過上更美好的生活。

我們相信，還有數以萬計的人才值得成爲ＣＥＯ並發揮影響力，甚至爲世界帶來改變，只要他們參考本書的分析結果，將之化爲實力，勢必能有所作爲。不僅如此，還有上百萬人可以從這些成功前輩的經驗、建議和作法中獲益良多，進而提升個人職涯發展，不論最後身在哪個職位，都能發揮最大潛力。**我們的任務，就是以對業界內幕的了解，揭示出類拔萃的必要條件，使你具備所有需要的優勢。**

要勝任CEO的領導職責，需要具備優秀的能力，但事實上光有能力還不夠。想成爲CEO，必須要能洞悉及相信這個可能，才能說服自己這是可以達成的目標。專業運動員的子女比我們更有可能成爲專業運動選手，原因就在於此。關鍵是：當CEO不一定要具備顯赫的家世或傲人的財富，重點在於實際表現出大多數人只要努力專注就能精通的幾種行爲，以及本書分享的技巧。我們分享眞實的成功和失敗案例，是爲了幫助你走出屬於自己的人生道路。

很多時候，就算是令人極度敬佩的CEO，一開始也料想不到有一天能擁有如此不凡的成就，更別說一出社會就目標明確、滿懷抱負地追求邊間專屬辦公室。他們通常都是一路努力，某天在腦中突然閃過「我辦得到」的念頭，這時CEO的寶座通常已經「近在眼前」。

總之，本書收錄「近在眼前」的CEO案例，但願能為你觸發「我辦得到」的瞬間，激勵你追求夢寐以求的職涯成就。

研究方法

我們都知道，人才招募流程（履歷和工作面試）基本上沒有什麼用處。一九九五年至今，我們服務的公司ghSMART已協助無數投資人和董事會挑選合適的高階主管。

整個二十世紀，企業普遍採取一種完全不科學的方法招募員工，亦即大多仰賴直覺（或說是盲目的勇氣）做爲選人的主要依據⑱。過去幾十年間，隨著神經科學揭發人類抉擇時的偏頗和不理性⑲，演唱會、棒球場或會議室等各種場合的領導者無不開始尋找新的招募方法，期能用更嚴苛的方式選出更切合期望的人才。

每當客戶打電話來尋求協助，要我們幫忙決定人選或輔導CEO，我們的**第一步就是製作「評分卡」**。評分卡的主要作用是定義職位的成功標準，包括任務、CEO必須達到的業務成果，以及職位需具備的領導能力（例如，任務可能是率領公司成爲產業龍頭，成果可以是運用新產品將年營收成長幅度從五％推升到十五％）。每張CEO評分卡會依組織的確切需求和公司在特定時間的績效適度調整，因此每張評分卡都是獨一無二。這能清楚呈現（時常是以量化的方式）公司在設定的期限內，對於財務、策略、營運、產品/服務、員工和企業文化等各方面的期許。

這張評分卡成了我們在面談中評估眼前人選的放大鏡。我們的工作是判斷候選人是否具備合適的經歷、技能、能力、發展軌跡和性格，能否帶領特定公司順利達成重點目標，並爲其尋找支援及培訓執行團隊的方法。

依憑著評分卡，我們的資深顧問（每位都擁有十年以上專業資歷）會與候選人面談約五個小時，完成所謂的"Who Interview™"[20]。我們會針對他們職涯中的每份工作，詢問當時公司聘請他們的目的、自己最引以爲傲的事蹟、犯過的嚴重錯誤和從中學到的教訓、共事的夥伴，以及辭職的原因。我們會先從簡單的問題開始，最後深入了解他們的過往，並試著擺脫履歷的框架，盡力描繪一部與事實相符的個人史，像是原本以爲是閃亮新星的人選，後來發現其實他/她在過去五份工作中，有三份是被公司炒魷魚；五十億美元的營建案差點無法完工，只因爲一個錯誤的判斷；財務長挽救企業免於倒閉的手段，是說服執行長和董事會出售獲利表現極佳的部門……族繁不及備載。大多數人選覺得這樣的面談很新鮮、發人省思，最後備受感動而願意眞誠分享、全盤托出；但也有些人離開時，連手心都冒汗。

面談結束後，我們會選出幾百個資料點加以分析，並依據製作的評分卡賦予每位人選一個成功機率。此外，我們也會根據至少三十個職能項目爲面談的對象打分數，像是「適度授權他人」和「吸引傑出人才」。最後，我們會參考多位同事的評估結果和以往收集的相關資料，盡力確保我們的判斷精準無誤。不僅如此，我們也時常尋求三六〇度回饋（360-degree feeback）資料，並參考董事會提供的相關資料，了解勝出的人選以往擔任CEO的實際表現，以彌補評估不足之處。

經過這一萬七千名高階主管的評估面談後，我們知道誰順利入選、誰慘遭淘汰，以及各自背後的原因，也清楚他們上任後的實際表現。這樣長期追蹤下來，我們才能將之前觀察到的人格特質（有時是很久以前）和現在的輝煌成就連結在一起，徹底了解一位CEO。現在，我們每年會評估兩百五十名新任CEO，將他們納入我們的資料庫中。目前還不知道其他公司能否像我們一樣深入了解CEO的爲人處事、受聘過程，以及他們如何應對每天的例行公事、辛酸和淚水。

Chapter 2

果斷決定——速度比精準更重要

回顧整個職籃生涯，我沒投進的球數超過九千球，輸了將近三百場比賽。有二十六次，我搞砸了原本應該勝券在握的贏球機會。我一再地失敗，但這也是我成功的原因。

——麥可．喬丹（Michael Jordan）

太多圍繞著ＣＥＯ的故事和傳說，都牽涉到我們所謂的「重要決策」。這是「賭上全公司」的時刻，所有方案陳列於眼前，就等著ＣＥＯ做決定。萬一選擇有誤，公司馬上面臨危機、員工失業，有時甚至會以倒閉收場。當然，ＣＥＯ也會失去工作，所以他會收集情資、沙盤推演、深思熟慮。他們與同事及董事會商討對策，在自我懷疑中不斷拉扯。最後，他們相信自己的經驗和直覺，展望未來，無視反對的聲浪，做出力挽狂瀾的關鍵決定，帶領公司邁向更璀璨的明天。

我們親眼見過這樣的情節在現實中上演。我們身為顧問，第一直覺就是針對「重要決策」深入探討，也就是如何做出正確決定。我們的顧問工作會聚焦於ＣＥＯ，就是因為他們的決策會產生極為龐大的影響，數千個家庭的生計可能因此陷入困境。在影響如此巨大的情況下，每一次決策的品質當然至關重要。然而事實證明，還有更重要的事，而且出乎意料地重要許多。

深入挖掘優秀ＣＥＯ的致勝行為時，最值得關注的行為並非深思熟慮、嚴謹分析，或任何可能與「高品質決策」聯想在一起的特質。**成功的CEO之所以出類拔萃，可歸功於決斷力**，也就是相信自己，迅速做出決策。**我們的研究發現，果斷型CEO表現優異的機率是其他人的十二倍**①。

做事果斷的ＣＥＯ主要受到特有的責任感所驅使，他們內心覺得「事情交到我手上，我就有責任處理」。我們或許會作繭自縛，希望每次的決定都能正確無誤，但他們能夠與不確定感和平共處，做出可能是錯的決定。這一切的關鍵在於速度和相信自我。知道哪些事情需要九分鐘深思熟慮、哪些決策需要花兩週、哪些根本不必分神留意。最重要的是，要有意識地從每次決策中學習，不管決策的結果是好是壞。

我們幾年前評估的CEO史帝夫・戈爾曼（Steve Gorman）曾說：「決策的結果或許不是最好，但總比毫無頭緒來得好。」在他領導灰狗巴士（Greyhound Lines）期間，正是這種當機立斷的決策能力拯救了公司。

灰狗巴士是戈爾曼的CEO處女秀。與其說這是他的夢想，接下這份工作比較像是貪圖地緣之便。基於工作緣故，戈爾曼帶著家人搬到北卡羅萊納州，結果發展不如預期，因此戈爾曼和家人很希望再搬回德州達拉斯（Dallas）。戈爾曼接手灰狗巴士時，正是公司援助資源日漸縮減的時候。之前的許多年，公司有足夠的收入可以負擔營運成本和穩定獲利所需的投資資本，只是好景不再。母公司雷德勞（Laidlaw）當時正逐漸擺脫破產的陰霾，債權人勢必不會同意每年投資超過一千萬美元在灰狗巴士身上，他們認爲這只是在浪費錢。那時的處境有多艱難，戈爾曼再清楚不過。萬一他沒達成目標，債權人肯定會關上商議的大門，立刻撤資。那時，戈爾曼剛結束上一份飽經挫折的短暫工作，渴望靠著這次機會鹹魚翻身。公司內的所有相關人員都背負著相當大的壓力。

戈爾曼不是那種逃避挑戰的人，所以他用心深入了解企業營運，擬定發展方向。他很快就了解灰狗巴士的最大問題在於公司擁有太多不賺錢的路線。高層主管紛紛提出許多調整營運路線網的想法，有些認為應該棄守部分地區，有些則主張提高長途票價。

四個月下來，戈爾曼日復一日不斷聽取執行團隊提出愈來愈多的改革計畫，再一一否決。任何改變都是艱難的改革，而且通常可以輕易提出一堆計畫可能失敗的原因。戈爾曼深知不能再這樣下去。有一天，成堆的資料中夾雜著美國和加拿大的夜間衛星地圖，圖中可清楚看見全國燈火的聚集處，剛好反映了人口密度分布情形。戈爾曼就是看著那張地圖，做出攸關灰狗巴士未來命運的決定：「沒有燈光的地方，不需要巴士路線。」因為沒有光源，表示無人居住。他打算重新調整灰狗巴士的客運服務路線，刪減到只剩下高收益的區域網，彼此之間再以長途路線串連。這麼做會有效嗎？他自己也不確定。當時，他能肯定的是公司的資金不斷流失，所有人都冀望他能逆轉頹勢。營運路線網必須大幅精簡，只留下賺錢的路線。

戈爾曼幾乎賭上公司的未來和自己的職涯，在不確定計畫是否成功的情況下，他很快就全心投入，果斷地帶領公司前進。幸好，計畫證實有效。史帝夫・戈爾曼接下ＣＥＯ一職時，公司前兩年累積的營運虧損已達一・四億美元。當他在四年後的二〇〇七年卸任時，灰狗巴士已經轉虧爲盈，創造三千萬美元的淨利，促成公司以超過二〇〇三年市值四倍的高價順利出售。

戈爾曼能決斷地向前邁進，不是因爲他知道自己的決策正確，而是他明白**決策不管好壞，總比懸而未決、毫無方向來得好**，尤其巴士路線結構還是可以在必要時修正調整，所以當機立斷確立方向更顯得重要。

戈爾曼這一類ＣＥＯ與眾不同之處，在於他們清楚明白且深信一個道理：確定目的地後，即使拿錯地圖，也好過手上沒有任何地圖。曾任醫療用品公司美敦力（Medtronic）ＣＥＯ，以及波音（Boeing）、美國合眾銀行（U.S. Bancorp）等大企業董事的亞特・柯林斯（Art Collins）告訴我們：「這就像打美式足球時指揮戰術。以前我是打四分衛的位置。雖然不是每次戰術都能成功，但只要下戰術，最好能由全隊合力執行。」

談到這裡，可以知道成功與否取決於行動而非思考。高ＩＱ的ＣＥＯ經常診斷出有「決斷力」問題②。他們可能遭逢分析癱瘓（analysis paralysis）而陷入泥沼，遲遲無法擬定清楚的任務優先順序。團隊和股東花錢聘請他們，往往只能換得他們願意爲目標努力的滿腔熱忱。

所以，要是你希望入主專屬的邊間辦公室，請別再糾結於每個決策都要正確無誤，應該像戈爾曼一樣，迅速選好地圖就踏出腳步，堅定邁進。培養決斷力，首先要專注於三件事：**加快決策速度**、**減少決策次數**、確實執行以**提升決策品質**。

加快決策速度

在決斷力這項職能獲得低分的高階主管中，九十四％的問題癥結出在**決定速度太慢**而非太快[3]。求好心切、執著於做出正確決定，反而容易導致毫無建樹，原地踏步。表現優異的高階主管通常能較快做出決策。很多時候，CEO面臨的挑戰不在於決策是否明智，而是需要決策的事務量和速度。我們從快速決策者身上不斷觀察到兩大原則，這可說是他們能夠迅速付諸行動的關鍵：

1. 化繁為簡

有效率的CEO及各階級的績優人員能在較短時間內有所進展，是因爲他們懂得化繁爲簡。他們針對產業及公司發展出特定的思維模式，藉以減少不確定性、釐清新資訊、過濾雜訊，進而快速採取行動。透過這些思維模式，決策者可著重在衡量最重要的因素，專心提升工作績效。

道格．彼得森（Doug Peterson）在接掌跨媒體服務公司麥格羅希爾金融（McGraw Hill Financial）的第一天，就面臨大型收購案的決策。公司高階主管向他提報時，幾乎已經把收購案視爲既定事實。整個團隊大肆鼓吹併購的想法，深信這是拯救公司部門免於陷入發展困境的唯一方法。

彼得森明白自己剛上任，還是新手CEO，對於公司的狀況尚未完全了解。但他也清楚，必須盡快做出決定。收購案即將進入有約束性的投標階段，如果公司決定放棄，這是脫身的最後機會。他曾觀察以前合作過的CEO，從他們身上歸納出一種決策模式，他希望能夠效法。「我發現成功的CEO願意只憑八〇%的資訊做決策。他們不必浪費時間等待，但這不是憑直覺行事，他們不貿然豪賭，而是快速聆聽多種觀點和看法，以此為基礎迅速做出判斷。」他這麼說道。

最後，他將各方意見簡化，參考企業傳奇人物奇異公司CEO傑克．威爾許的名言：「這樣我們就可以成為該領域數一數二的佼佼者嗎？④」來做出決策，他手上的資訊已足夠判斷這道問題的答案——答案是否定的，因此他決定放棄收購案。公司所有人對此驚訝不已，甚至感到憤怒，但彼得森堅持自己的立場。

運用既有架構有助於簡化問題，加快決策速度。這樣的架構可以幫助整個組織釐清眞正重要的事情，不僅是CEO，所有人都能因此做出更好的決定。此外，你也可以趁機樹立模範，讓團隊效法你的決策方式。如果你能秉持清楚的決策原則並迅速執行，團隊也會跟進。這是化工公司杜邦（DuPont）的前董事長暨CEO傑克．柯羅爾（Jack Krol）教會我們的事。他在杜邦最早的職位是化學工程師，後來在一九八〇年代協助農業事業部轉型。

當他升上資深副總裁時，公司內的風氣是全力追求創新。「太好了，我們有新產品要推出。」他繼續說道，「但沒人在意獲利和股東價值。」有鑑於此，柯羅爾想出了一套以投資報酬率爲主要考量的簡單架構，投資報酬率成了決策的新標準：這項計畫或創新方案可以滿足我們的投資報酬率門檻嗎？任何交到他手上的計畫都要以這項公式來衡量，再做出決定。柯羅爾回想，「我需要將公式每個部分的細項列出來，其他人才能了解他們各自負責的職務會對投資報酬率產生多少影響。」他的上司開始把這公式稱爲「柯羅爾方程式」，並使用這個架構檢查他們各自所做的決策。

只要掌握那些可爲公司、職務或團隊創造價值的因素，就能有效化繁爲簡。眼鏡零售商國家視線（National Vision）執行長里德．法斯（Reade Fahs）就希望能有一個符合事業目標的簡單決策方針。他表示，「我們擬定了一道很有用的公式，不斷地反覆運用。擁有致勝方程式或許不太容易，但只要找到，就必須確實遵守。」

早年法斯還在英國眼鏡公司快視眼鏡（Vision Express）服務的時候，就認爲一定有一組關鍵要素可以提升眼鏡零售業的獲利，團隊的每個決策都必須而且只考慮這些因素。「我走進公司，心想，『我的老天，這裡需要大肆改革。』隔天，我一到公司就問同仁，『各位，有人可以告訴我，這家公司上次賺錢是什麼時候嗎？』我們找出所有曾經異動的事物，像是分店的獎勵制度、店前櫥窗的展示櫃等。在過程中，我們歸納出一個能對症下藥的模式，清楚易懂，並從上千個可以改進的地方，濃縮到十二個最重要的項目。」接著，他們就專注處理與這些項目有關的所有決策並付諸行動、培訓分店主管，而且每次督導走進店裡時，必定檢查那些重要項目，像是：櫥窗有依照正確方式展示商品嗎？獎金核發了嗎？諸如此類。

在法斯的領導下，快視眼鏡公司在兩年內就獲利翻倍，銷售額也成長了十五%。之後，他將這套指導架構帶到總部位於美國的國家視線公司，主導另一場規模較小的改革計畫，將公司市值從他上任時的五百萬美元大幅提升，十年後以十一億美元高價出售給KKR投資公司。在他任內，同店銷售額連續六季成長，在美國零售業寫下史無前例的輝煌紀錄。在專家紛紛預測亞馬遜（Amazon）和谷歌（Google）等企業勢必擊垮傳統零售業之際⑤，法斯以化繁為簡的策略專心處理最重要的事務，現在看來更顯得具有先見之明。

2. 允許表達，但不給表決權

你要是認爲CEO決策時可以心無旁騖——獨自高坐於象牙塔頂端，徹底掌控一切事務——可就大錯特錯了。實際上，CEO和各層級的決策者，都與我們一樣生活在衆聲喧嘩的世界，隨時都有新的變數出現，打亂全盤規畫。公司內外的人際網絡盤根錯節，任何消息和動作都會影響高階主管的一舉一動。

高效率的決策者會主動召集他人參與決策過程，這麼做有兩大原因。第一，彙整各方意見，提高決策品質。第二，建立相關人員對決策的責任感及認同，以利日後執行。因此，當決策要正式付諸實行時，這些負責執行的人員才會主動響應、積極協助，而不是心不甘情不願地聽命行事。下一章會再詳述這點。

這裡我們要先回答一個麻煩的問題：CEO該如何快速推動進度，同時還要讓他人參與其中？果斷型CEO創造參與感的原則，是**讓每個人都能表達意見，但沒有決定的權力**。頂尖CEO都明瞭，在決策過程中收集各方意見是一門需要正視的學問，但他們不會被動地等候各方達成共識。

武田藥品公司（Takeda Pharmaceutical）的現任CEO克里斯托夫・韋伯

（Christophe Weber），提供了貼切的案例。他在葛蘭素史克公司（GlaxoSmithKline）擔任亞太區域執行長期間，利用某次機會在單位內推行新策略。他會產生這個想法，是因爲注意到組織內的某個群體——亞太地區各國家分公司的中階優秀同仁——不太會表達意見。他認爲他們很有創新潛力，對公司很有利。

他在菲律賓時，有個員工向他提出一套新的藥品評估模型，但這個方法需要葛蘭素史克公司配合降價，同時改善行銷和銷售的觸及範圍，並提高藥物產量。簡單的研究結果顯示，這項計畫或許行得通，但不能只有當地分公司單打獨鬥。採用新模型需要一連串變革，而這必須先取得廣泛的支持。韋伯和團隊共同研擬了一項計畫，但因爲未能取得共識而喊停。「等到有共識才開始執行就太慢了，而且時常只能推動『最小公倍數』的解決方案。但這不代表大家要關起門來各自為政。要讓大家可以自由表達、提供不同觀點，接著做出決策並溝通。」他這麼說。

說到收集各方資訊和看法，費城兒童醫院（CHOP）的負責人瑪德琳·貝爾（Madeline Bell）有一個清楚易懂的現成程序。她對於彙整各方意見非常有一套，而她收集到的資訊，也會成爲決策的一部分。不過很多時候，收集資訊還有另一個目的：幫助她向各方**傳達**決策結果，同時將大家凝聚在一起。在討論過程中，她會特別去了解別人反對及遲疑的原因，接著針對這些原因構思說服的理由。

但是，參與感能夠讓所有人就此取得共識嗎？可惜沒有。她做的每個決策總是無法獲得某些群體的支持，但只要她做了決定，除非有新的重要資訊出現，否則她不會遲疑不前。

減少決策次數

以簡單架構協助決策還有另一個極大的好處，就是一旦企業組織接受了架構，CEO就不插手大多數決策，並放心交給其他同仁負責。我們在許多優秀CEO身上都觀察到這個現象。不論是哪種產業，他們都很擅長分類事務。一有需要決定的事務出現，他們可以馬上辨別哪些需要真正冷靜思考後做出決定再繼續邁進，而哪些又應該交給其他人處理。他們親自做的決策反而很少。

對瑪德琳．貝爾來說，費城兒童醫院的「凝膠和泡沫之爭」就是活生生的例子。光是醫院內上百台給皂機應該提供凝膠或泡沫洗手乳，才比較能有效防止院內感染，就讓醫院內部討論得沸沸揚揚。雖然這個問題看似微不足道，但手部清潔可說是醫院減少感染的重要議題⑥。貝爾形容，「我好像走進了交戰區，雙方戰火一觸即發。我很快就感受到大家要我安撫及平息各方情緒的壓力，但這麼做會讓整個醫院陷入動彈不得的泥淖，為日後的決策立下壞榜樣。」領導者形同困在兩個敵對陣營之間：凝膠國和泡沫國，雙方都希望貝爾做出最終決定。

「當然不要！」貝爾斷然拒絕。「我不想去了解這類問題。」要找到這個問題的解答，她建議朝指揮鏈的下游去找，而非向高層求援。「這應該交由最熟悉這類日常瑣事的人來決定，而不是我。」

當然，從醫院感染率的角度來看，選用凝膠或泡沫洗手乳是相當重要的決定，但這應該由組織中的其他人來負責。面對這項爭議，貝爾採取的應對技巧相當值得借鏡：**組織中有其他人擁有決策所需的資訊和經驗時，切勿輕易介入並奪走決定權**。各層級領導者都適用這個原則。

我們發現CEO用來減輕決策負擔的另一個方法是過濾決策項目，只費心處理會眞正傷害企業的事務。在日常工作的龐大壓力下，領導者通常很難抽出時間，從容訂定之前所說的決策架構。諷刺的是，領導者時常被迫被動回應，深陷例行事務的泥淖中而不可抽身，正是因爲他們未能好好定義眞正重要的「企業致命問題」，並據此形塑決策及過濾不需插手的事務。假設CEO桌上放了幾件公事需要處理，要是事情毫無輕重緩急之分，表示每件事情都一樣重要，迴避不了決策的責任。那麼，過勞只是遲早的事。

艾睿電子公司（Arrow Electronics）前CEO暨哈佛商學院講師史帝夫・考夫曼（Steve Kaufman）與我們分享了分類公事的三點提問：

1.需要現在就決定嗎？能不能緩一緩？放一週或一個月，會造成無法彌補的損失嗎？並非所有事務都有必要在第一時間做出決策。延緩決定有什麼代價？這項決策對公司的目標和優先發展項目有多重要？了解公司背後的運作機制，並清楚哪些事務才是當下最重要的關鍵，能有助於領導者掌握每項決策的合適時機。

2.延後決定能不能促使我更了解事務內涵，或是取得更多有助於決策的資訊？延後決定有什麼好處？如果額外取得的資訊能明顯左右決策結果，就算等待也是值得的。但如果再過三個月或半年依然無法取得更多資料，那執著於繼續分析有什麼意義？

3.問題會不會自然解決？許多CEO告訴我們，很多時候問題會隨著時間一久就自然而然地解決，而且結果會比強行介入處理更好。不過，我們建議還是抱持謹慎的態度。

電腦軟體公司財捷（Intuit）的CEO布拉德．史密斯（Brad Smith）寫道：「成為CEO後，我最需要調整的地方是適應位階的改變。一開始我並未掌握到重點，在擔任CEO的第一年，我時常因為雞毛蒜皮的決定而偏離公務正軌，疲於奔命地給各種建議，但其實這比較適合由更接近工作本身的相關人員負責⑦。」他和所有頂尖CEO一樣學到了這個職位的眞諦：你的工作是**決定任務項目**，至於**執行方法**則應授權他人決定。

提升決策品質

「做出決定就對了，任何決定都行。」這樣的想法未免太過天真。要是CEO的大多數決策不夠好，他們就不會有機會坐上CEO的位子，這是再明顯不過的道理。頂尖CEO會迅速做出決策，然後堅守到底，不過隨著經驗累積，他們的決策追蹤紀錄會比大部分人更亮眼。他們是怎麼辦到的？祕訣在於練習，練習就會進步。**果斷的領導者不會過度決策，尋求難以達成的完美境界。他們知道完美都需要付出代價，因此他們選擇快速邁進，持續提升自我**。經過多家企業歷練的雷德・霍夫曼（Reid Hoffman），也就是將領英公司（LinkedIn）以兩百六十二億美元賣給微軟的企業家，發現新創公司的執行速度決定了成功與否。他在矽谷提出「不完美宣言」：*如果你的首代產品不會讓你感到不好意思，表示產品上市的時機太晚了*⑧。

過去，我們面談及評估的CEO和高階主管已不下數千名，過程中，我們總會問起他們在職場上犯過哪些錯。我們早年與工業設備製造商藝達思（IDEX Corporation）的CEO安迪・希弗耐（Andy Silvernail）面談時，就已經發現這些當上CEO的面談者大致都有一個固定的處理模式。二〇一一年，希弗耐完成了該企業創立以來規模數一數二的收購案，不久就由內部管道升遷爲CEO。一年後，併購公司的實際業務表現比設定的獲利目標少了四〇%，當初風光一時的收購案備受質疑，面臨挑戰。如今，希弗耐身爲CEO，必須收拾自己留下的爛攤子。他必須向董事會報備一筆超過兩億美元的損失認列。更糟的是，他還要勉勵領導團隊繼續努力，但同時不得不刪減他們（和他自己）的薪水，以彌補公司的損失。

這是典型的負面決策。不僅傷害了希弗耐與董事會的關係，更造成許多人的困擾。那半年非常煎熬，但是當希弗耐談起這個嚴重失誤時，彷彿只是聊到某次開車進廠維修的難忘經驗，或是他人歷經了什麼災難似的，語氣顯得雲淡風輕。從他的口中聽不到「失敗」這個詞。他冷靜地解析當時的情況，不僅詳述錯誤本身，也深入說明隨之而來的「餘震」，像是收購案帶來的災難浮上檯面後，如何應變。他承擔責任、收集情報，並採取受爭議的作法，將錯誤的代價反映到自己和團隊的薪資單上。更重要的是，隨著時間過去，他自己整理了一份「從錯誤中學習」清單，將寶貴的經驗應用到日後的決策。那之後的四年間，他帶領公司創造出優異的股東總報酬率，表現勝過業界其他競爭對手。

我們從希弗耐和這些年來訪談的其他CEO身上發現，他們無不讓決策成爲自我成長及蛻變的機會，我們歸納所得的重點如下：

1. 回顧過去，將錯誤當作實驗室

對於這些CEO來說，迴避使用「失敗」一詞並非代表他們挫折沮喪，反倒是體現了他們眞正的態度：犯錯不必感到不好意思，也沒必要害怕犯錯，因爲這是最值得信賴的實驗室，有助於日後改進。賽仕公司的研究指出，不輕易說出「失敗」二字，可帶來具體好處：在聊到犯錯經驗時，常使用「失敗」的人選成爲CEO後，表現優異的機率，會比不說「失敗」的CEO少一半⑨。成功的CEO會學著坦然接受錯誤並勇於承擔，將其視爲日後勝利的寶貴印記。另一個有趣的發現是，這些CEO都在不知不覺中領悟了我們從資料中抽絲剝繭所得到的結論，亦即在職涯中搞砸過幾次，並不會妨礙你未來成爲CEO的實際表現，反而能讓你提前做好準備。

二〇一六年，珍．霍夫曼（Jean Hoffman）把她的寵物藥品公司帕特尼（Putney）以兩億美元高價售出。回想這一路的歷程，她告訴我們：「成功的關鍵之一，是必須習慣在情況曖昧不明時做決策，然後從決策中學習成長。錯誤是成功經驗的一部分，這麼想的話，錯誤就並非全然是錯誤了。」

成功的CEO通常會自創學習機制，以利他們從過去的決策（不管是好是壞）

中汲取經驗。我們訪談過的一位CEO帶著資料來赴約，裡面分類記錄了他曾經犯下的錯誤及從中學到的收穫。還有人告訴我們，他們會在事後召集團隊開檢討會，比對特定條件衡量工作成果，然後整理一份錯誤與收穫清單。在他們有能力帶領團隊之前，往往就已經養成類似的習慣，早已在學業、工作，甚至個人生活中實踐。

養成從失敗中學習的習慣，有助於領導者更熟練，心理學家暨諾貝爾獎得主丹尼爾·康納曼（Daniel Kahneman）在著作《快思慢想》（*Thinking, Fast and Slow*）中提出的兩套思考模式：「系統二」思考是理性、緩慢、深思熟慮的決策類型，「系統一」思考則是大多數人所理解的直覺，亦即根據已知的事實快速且大多是無意識的決策[10]。成功的CEO往往會專注於事後分析，判斷哪些決策可行、哪些行不通，他們會利用系統二思考「訓練」系統一思考，達到鍛鍊「決策本能」的目的。在經驗的反覆強化下，這種直覺本能會愈來愈可靠。

道歉的藝術

至今，我們還沒遇過任何從未因犯錯而付出龐大代價的領導者。成為領導者之後，**大部分錯誤都不是直接來自於你，但你永遠都是那個負責善後的人**。精通道歉的藝術能逆轉情勢，避免失去人心、傷及名譽，日後才能以更堅強的實力東山再起。

醫療用品公司美敦力前CEO暨波音、美國合眾銀行等大企業董事亞特．柯林斯，看過太多犯錯的例子。以下是他對道歉的建議，不論你立志成為傑出CEO，或只是希望扮演稱職的伴侶及朋友，都應立即親身實踐：

1. **感同身受**：將錯誤視為個人責任，而非只是扮演所屬組織發言人的角色。
2. **具體明確**：精準鎖定確切行為、錯誤或受影響的群體，如此才能看清事實，了解錯誤真正的後果。
3. **真心誠懇**：透過文字和語氣，誠摯地表達對既成錯誤和所有連帶損害的自責之意，並展現補償的誠意。
4. **毫無藉口**：避免轉移焦點、粉飾太平或為錯誤辯解。
5. **迅速行動**：愈早道歉，當事人接受的機率愈高。

6. 全盤說明：出示所有真相、承認所有已知缺失，並清楚說明尚未決定的部分。

7. 避免再犯：提出改正錯誤的行動計畫，確定相同的問題不會再發生。

2. 自我調適，內心做好當機立斷的準備

我們發現，領導者與決策本身保持情緒上的距離，比較能從錯誤中學習。那麼，應該如何培養這種超然姿態，自我鍛鍊**決斷力**？很多領導者從未察覺，個人的生理狀態（不管是放鬆、疲累或攝取太多咖啡因）其實會影響情緒，進而在決策當下影響實際能力。

有效率的領導者發現，處於生理、心理壓力或疲倦的狀態下，他們通常會順應與生俱來的行爲傾向做出決定。他們熟知自己行爲上的傾向，再加上習慣、人事和流程的推波助瀾，因而能度過最煎熬的時刻。

即使是效率滿分的決策者，也可能在身心俱疲時落入無濟於事的極端狀態，導

致工作效率低落。他們可能變得迂腐、不知變通，執著於雞毛蒜皮的小事而鑽牛角尖，或是尚未充分了解各方意見，就躁進地採取行動。猶如喬治．巴頓（George S. Patton）將軍所說：「疲倦讓人軟弱膽怯⑪。」領導者在工作上無法掌控個人的身心狀態，就像運動員參賽時穿了不合腳的鞋。

美國大學理事會主席大衛．柯爾曼（David Coleman）率領該組織度過艱難的檢討期，包括重新設計「學術水準測驗考試」（SAT）。當時外界提出新的證據，盛傳這項攸關大學入學資格的基礎學力測驗對富裕家庭的學生比較有利，大學理事會被迫有所回應。他告訴我們，他首次擔任CEO的心得，就是體認到充分休息的重要性，他發現這是影響決策的重要因素。「我必須徹底放鬆、充分休息，才能擁有最佳工作狀態。」他這麼說：「愈是疲勞，愈容易受細微的情緒波動影響。生理狀態維持平衡，保持身體健康，我才能處變不驚，全力以赴。」

3. 展望未來

有些領導者利用不同參照標準來提升決策品質，也就是我們俗稱的「時光機」。他們會先預設一個希望看見的未來，再回推需要如何決策才能有助於夢想成員。我們合作過最嚴格的決策者，其實不是《財星》雜誌五百大企業的CEO，而是芝加哥傑弗瑞芭蕾舞團（Joffrey Ballet）藝術總監阿什利．惠特（Ashley Wheater），他是該舞團自一九五六年創團以來，第三個坐上這個位子的人。創始人傑弗瑞成立了一個創新的芭蕾舞團，或可說是第一支真正的美國舞團。

傑弗瑞在一九八八年逝世後，舞團明顯失去了原有的反骨精神。惠特沒有任由舞團過去的豐功偉業蒙蔽他的理智，而忽略了舞團當下的困境與未來的願景。他的使命是帶領傑弗瑞芭蕾舞團找回在美國舞壇的崇高地位。惠特當上總監時，如果用他的話來說，舞團當時可說是處於「岌岌可危的狀態」，無論是資金或作品品質都面臨了瓶頸。傑弗瑞舞團停止「創作」、觀眾群減少、財務困窘。惠特明白，舞團應該以創立時的願景為本，繼續發揚光大。

一直以來，傑弗瑞芭蕾舞團總是能與風險和平共處、發掘新人才、擁抱時代精神，才形塑出一支與美國一樣多元豐富的舞團。舞團的宗旨並非宣揚菁英主義，也不是自我塑造成難以高攀的藝術提升生命層次。最後，惠特重新擦亮了傑弗瑞芭蕾舞團的招牌，破除傳統上將芭蕾舞歸類為菁英藝術的刻板印象。「我們不是LV！」他這麼告訴我們：「我們應該擁抱普羅大眾。」

爲了逆轉頹勢，惠特必須下一個不太討喜的決定（不管是舞團內部或媒體都不太買帳），但他從未退縮。他將當時的決心歸功於兩種行爲。第一，他用清晰的理智做每個決定。第二，因爲批評而心煩意亂時，他總是提醒自己不能只顧當下，而要放眼未來。他相信決策帶來的好處會隨著時間不辯自明。「前兩年對我相當不諒解的人，現在都了解我們是如何撐過來了。」他最近這麼告訴我們，「時間是最好的裁判。」（當然，決策正確的話更是如此。）

惠特採取前瞻觀點，確保舞團不至於違背初衷，讓我們想起希斯兄弟——奇普．希思（Chip Heath）和丹．希思（Dan Heath）在《零偏見決斷法》（*Decisive: How to Make Better Choices in Life and Work*）中提到的「10／10／10法則」。書中寫道：「想像你在十分鐘、十個月及十年後對這個決定會有什麼感想⑫。」將自己從當下的決策抽離，就能用更理智的眼光看待一切。

4. 廣納意見，尋求不同的觀點

稍早提到費城兒童醫院的「凝膠或泡沫之爭」指出另一項事實：CEO在指派人選或爲自己負責的決策尋找答案時，通常都需要仰賴他人。他們必須做的許多或甚至大多數決定，都在自己專業能力所及的範圍之外。最傑出的CEO會仔細過濾求助對象。他們深知，各方意見的出發點並不相同。顧問或部門負責人是從什麼角度看待這個問題？哪些個人偏見會影響他們的觀點？他們有什麼盤算？他們能不能跳脫窠臼，提出新的思考方向？

就算領導者的確擁有必要的經歷，但親自參與決策時，多少還是會受偏見影響。杜克大學心理學及行爲經濟學教授丹．艾瑞利（Dan Ariely）做了一項證明創作者偏見的出色實驗⑬。他發給受試者紙張，請他們摺出造型。完成後，他向兩組人馬兜售作品，其中一組是摺紙專家，另一組則是單純參觀作品的路人。實驗結果或許不算意外：摺紙專家願意付的價格是路人的五倍。不管我們有沒有意識到，但當我們準備做決定時，難免已經預設了一些偏見。

聰明的決策者會仔細篩選身邊的意見來源，利用各方看法來對抗自己的偏見。我們從「決斷力」職能得分高的面談者身上，觀察到幾種共通的策略。CEO時常仰賴我們所謂的「多重局外人觀點」（MOP）。金曾與亞特蘭大武德洛夫藝術中心（Woodruff Arts Center）的館長暨CEO道格．希普曼（Doug Shipman）密切接觸過一陣子，他最令人津津樂道的事蹟，是時常做出不合直覺的決定，驚動身邊的人，但這些決定最後總能證明是正確的。他告訴金，他身邊「說實話的人」大多來自公司外部，甚至不在同一行。

希普曼告訴我們，「多重局外人觀點」有三個優勢連他的部屬都望塵莫及。首先，由於這些人都是局外人，所以他必須用簡單清晰的語言向他們說明當下面臨的情況，以加速看法的交流。有時候光是這個步驟，就能讓他靈光一閃，或是發現思考邏輯中的缺陷。再者，雖然他們並未直接參與，但提供的資訊或觀點時常可以帶來深入見解，協助解決眼前的問題。最後，這些局外人都與他私交甚篤，因此所提出的建議可以一針見血，毫不忌諱。他們會問大部分同事不敢提的問題，像是：「這樣做符合你的理念嗎？」

ghSMART董事長暨創辦人傑夫．斯馬特曾爲我們介紹「3D-ing」程序，當公司高層對問題見樹不見林時，他常利用這個方法確保各方意見和觀點足夠多元化。名稱中所謂的“D”是指Discuss（討論）、Debate（辯論）和Decide（定論）。假設你需要做人事決策，但基於某種緣故，團隊輕易地取得共識，迅速拍板定案。礙於這有可能是團體迷思（groupthink）所致，因此你決定啓動「3D-ing」程序。首先是團隊討論：將手邊資料和案例攤開，所有人都能提問以利充分理解資料內容。接著是辯論：從支持決策的人裡挑選一名代表，請他向在場的所有人說明支持理由，然後推派第二名代表扮演反方，從相反的立場提出質疑，並列舉不應支持決策的理由。等到正反方意見都陳述完畢，就是下定論的時候了。

這個程序可賦予管理者新的思考角度。不僅如此，還有另一個重要功用。每個階段完成後，在場者會更信守承諾，高階主管不會反悔或態度搖擺不定。這能避免大家質疑已經決定的事情，因此團隊可以**果斷**地持續前進。

★★★

做出決策只解決了一半的問題。你必須帶領整個組織根據該決策採取相應行動，不然就跟決策懸而未定毫無兩樣。那麼該如何清晰下達指令、激發動力及動機，讓他人願意投入呢？

安霍創投公司（Andreessen Horowitz）在評估CEO時，主要的著眼點之一，就是**CEO有沒有能力讓全公司確實執行他認為正確的事**[14]？這不僅在評選CEO時至關重要，挑選任何領導者時也一樣。

所有CEO和領導者都有一套激勵他人付諸行動的方法，彼此自成一格。他們需要扮演熟練的外交大使，說服所有人認同他們提出的「理念」和「原因」。資深CEO比爾．亞梅利奧（Bill Amelio，注：此為暱稱，本名為William Amelio）是箇中好手，非常擅長激發團隊的行動力。我們向他請教祕訣時，他回答：「領導者必須很清楚地描繪當下現實的模樣，告訴大家怎麼實現更美好的明天。如果你能設法打動人心，就會有很多人追隨你的腳步，快速向前邁進。」

決斷力與說服他人投入追求最終成果的能力，有著密不可分的關係。至於領導者如何精進這一點，下一章會深入探討。

重點回顧

❶ 加快決策速度。

❷ 減少決策次數。

❸ 回顧過去，從以前的決策中學習。

❹ 自我調適，確認生理及心理皆已處於最佳狀態，能夠做出明智的決定。

❺ 展望未來，與當下所做的決定保持距離。有意識地戴上「未來眼鏡」，檢視當時的決策。

❻ 廣納意見，確認所掌握的資訊夠多元、周全，盡可能排除偏見的影響。

❼ 事情進展不順遂時，勇於承擔所有權責、掌握全局，並從錯誤中學習及成長。

Chapter 3

從交際中創造影響力——協調利害關係人，獲得想要的成果

光有指揮，沒有交響樂團也沒用。

——杜達美（Gustavo Dudamel）
洛杉磯愛樂管弦樂團（Los Angeles Philharmonic）音樂總監

倘若領導者能充分發揮專業能力，將可以創造更好的嶄新環境，但前提是領導者必須帶動身邊的人嘗試不同作法，甚至是看似不可能的事情，才可能成功，對CEO來說尤其如此。**雖然CEO擁有很大的權力，但幾乎所有事都必須仰賴他人實際執行，他們的理念才得以落實。相互依賴（不是各自為政）才能共創大局**。我們將評估主管的資料拿去做賽仕公司的分析，得到以下的統計數據：每三個高度獨立作業的CEO，就有兩人可能無法達到公司對他們的期許①。

人際關係和影響力永遠是CEO無法迴避的課題。如今，這項挑戰尤其艱鉅，風險也比以前更高。CEO面對來自四面八方的利害關係人，他們的利益瞬息萬變，而且時常分歧，甚至彼此衝突。消費者需求和口味的變動速度可能比風還快；千禧年之後，員工希望掌握前所未有的自主權、企業透明化，並經常獲得正增強（positive reinforcement）；股東希望企業能長期享有強勁的成長表現，但不願意犧牲當下的獲利和股息；媒體總是渴望大新聞；退休人員想繼續享受好處……類似的情況不勝枚舉。

CEO的一天非常忙碌，他們可能凌晨六點就必須和亞洲投資人開視訊會議，晚一點要前往堪薩斯州的農場拜訪客戶。他們不太有犯錯的空間，就像現今任何CEO都可能因為一則推特推文或負面新聞報導，就賠掉自己的形象和社會觀感。

可以想見，遊走於這麼多形形色色的人之間，而且他們彼此的立場時常衝突的情況下，CEO勢必得擁有馬拉松選手的體力和「麻辣女王」的人緣。精力永遠都是寶貴資產，這是無庸置疑的，但人緣這檔事就比較值得玩味了。史蒂文．卡普蘭和莫頓．索倫森分析我們針對兩千六百名高階主管所做的ghSMART評估後，進一步確定了**「有人緣」的人選比較容易獲得賞識。但如果考量到CEO的實際表現，光有人緣也無法保證工作成果能夠同樣亮眼。以成果為導向來激勵他人全力以赴的CEO，會比只懂得長袖善舞或有人緣的CEO更成功七十五%**[2]。

此外，劍橋大學教授蘇佩塔．娜卡妮（Sucheta Nadkarni）等人分析了業務流程外包領域中一百九十五家印度公司CEO的個人資料和成就。娜卡妮發現，CEO的「親和性」（agreeableness，心理學名詞，相當於一般所說的「人緣」或「友善」）與工作表現之間，呈現常態分布關係[3]。在某個點之前，能與他人和諧共處，可以促進工作表現，但過了鐘形曲線頂峰的「甜蜜點」之後，過於親和（人太好）可能就會產生反效果，因爲CEO害怕破壞了團體的和氣而遲遲無法做出艱難的決定。

卡普蘭和娜卡妮的研究不約而同地透過嚴謹分析，證實了我們從經驗中歸納的觀察結果。成功的CEO與他人維持的友好關係，是爲了能發揮工作上的影響

友善度鐘形曲線

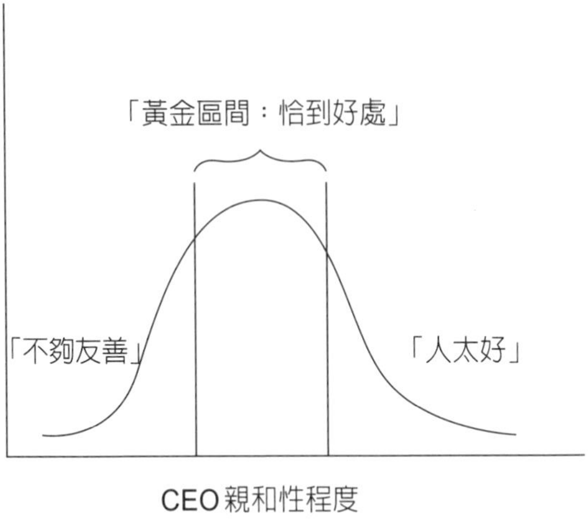

力，而非只是博取情誼。他們敏銳地深入了解利害關係人重視的事情，同時也不遺餘力地實現業務成果，在兩者之間找到平衡。他們深知他人的需求，但不刻意迎合他人。他們很清楚，艱難的決策可能會對他人帶來不便甚至痛苦，但終究還是會把自己和他人的需求推到次要考量，以工作成果至上。反觀爲了取悅他人而賣力經營人際關係的CEO，他們的工作考量是基於渴望受到大家喜愛，同時也擔心造成他人不便。娜卡妮的分析結果和我們的觀察都指出，兩個極端（人太好和不夠友善）的個性都容易導致工作表現令人失望，CEO最終只能下台收場。所以，成功的CEO要如何維持在鐘形曲線的頂峰，找到與人相處的甜蜜點呢？

「人太好」可能會害你丟掉工作

蓋瑞是企業CEO，他以擅長取得大家共識的能力自傲。他非常在乎共事的同仁，因此很樂意迎合並取悅大家。幾年前蓋瑞剛上任時，董事會對他的理念和值得信賴的工作能力讚賞有加。但蓋瑞渴望「當好人」的個性，在不知不覺中衍生出一堆額外考量，反而讓他失去了決策的焦點。如果行銷主管提議鎖定新客群，即使蓋瑞之前就決定要以核心客群為行銷重心，他還是會贊成。假如不動產主任建議在歐洲租一棟新大樓，就算歐洲不是重要市場，他也會點頭同意。

蓋瑞試圖迎合所有人的結果，就是導致團隊運作失能。各種考量和計畫彼此衝突，造成主管之間連帶產生磨擦。他那為了避免衝突的初衷，反而造成檯面下暗潮洶湧，致使團隊表現平庸，於是團隊運作偏離正軌，競爭對手開始鯨吞蠶食市占率，最終公司落後於業界發展。不久之後，董事會就決定撤換CEO。

「濫好人」個性是領導者的致命缺點。這會毀了每一個促成關鍵工作表現的重要能力，包括管理事務的優先順序、挑選合適人選，以及建立恰到好處的人際關係。

過於善良的領導者很難拒絕別人，因此徒增愈來愈多不必要的考量而擾亂了原本的重要順序，導致工作成果不如預期，進展緩慢。只要有人提出疑慮，他就會重新檢視決策，癱瘓了團隊運作。這類型的CEO通常會謹慎地避免任一方成為「輸家」，但最後往往沒人是贏家。

「濫好人」CEO通常會默許組織內留有表現低於正常水準的成員，以致拖累工作士氣和成果。雖然組織宣稱會提拔真正有能力的人，他卻遲遲不處理最艱難的人事問題，使表現優秀的同仁感到挫敗和失落。

避免衝突是「濫好人」CEO的認證標章，他們時常將「和諧共事」與「零衝突」混為一談。他們的團隊會議形同場面溫馨的擁抱大會，完全無法深入探討真正的問題。在員工之間，這種心軟的領導作風總是會被理解成不公正，幾乎毫無例外。時間一久，領導者就會失去眾人的信任，信用所剩無幾，組織也會因此落入團體迷思的深淵。

擅長**從交際中創造影響力**的CEO，就像出色的管弦樂團指揮。**指揮是樂團中唯一不直接演奏任何樂器的人，像CEO一樣完全仰賴他人產出成果**。爲了進一步了解傑出樂團指揮與卓越領導者之間的共同點，我們特地向知名的亞特蘭大交響樂團指揮暨音樂總監羅伯特・史帕諾（Robert Spano）請教。除了音樂造詣之外，史帕諾的溝通長才也備受衆人肯定。他能在音樂家和觀衆之間營造出和諧一致、溫暖同樂的氣氛，在美國管弦樂團中獨樹一格。對此，史帕諾表示，「指揮的任務是要為曲目設定一個願景，說服樂團成員接受那個理想，然後經營出合適的節奏，引導全樂團共同呈現這個願景。出色的指揮很多時候必須用心聆聽，徹底理解演出者，包括他們在想什麼、顧慮什麼，以及在哪裡覺得受到鼓舞和感覺失落。這些全是指揮的工作，而這一切都是為了圓滿表達出心中對曲目的想像。」

此外，就連指揮與觀衆的關係也有值得深思的課題。指揮在台上背對觀衆，彷佛是現場藝術表現的最終主宰者，不受觀衆的臨場反應所影響，聚精會神地呈現他對樂譜的詮釋。股神華倫・巴菲特（Warren Buffett）大力疾呼上市公司停止向華爾街分析師提供季度獲利指引（earnings guidance），大致也是出於同一個理由，亦即避免企業試圖迎合市場的短期反應④。**優秀的指揮和頂尖領導者一樣，都不能抱有一絲討好任何人的企圖。**

商業資訊服務公司CEB的前CEO湯姆．莫納漢（Tom Monahan）觀察敏銳，早就意識到自己的角色必須有技巧地「指揮」利益時常相互衝突的各方關係人。「身為CEO，我總是努力了解所有利害關係人的需求，像是客戶、員工、董事會、股東……讓他們隨時維持在具建設性的不滿足狀態（constructive dissatisfaction），這樣的話，為了讓各方都有工作成果可以享受，公司才會有追求進步的動力。如果不計代價滿足了任何一方，公司很快就會步向滅亡。極端情形下，各方需求都會對公司造成龐大壓力。客戶什麼都要求更好、更便宜；員工想要事少薪水高；股東希望公司永遠都能獲利亮眼，成長快速。所以你必須讓這些人維持在具建設性的不滿足狀態，雖然他們的願望尚未全部實現，但手上的收穫也足以擄獲他們的心，讓他們甘願繼續支持公司，這樣你才可以領導公司成長及創新，為他們創造更多成果。」基本上，莫納漢也支持領導者應該背對「觀眾」專心領導公司。

要是認真觀察全世界頂尖的交響樂團指揮，可以發現各式各樣的風格、個性和帶團哲學。然而，這些看似特色分歧的指揮家其實有一套共通的肢體語言和方法。同樣地，擅長**從交際中創造影響力**的CEO也有幾個共通原則：

- **依意向領導**。這類CEO會將他們的願景、目標和對現況的敏銳感知，轉化成商業意圖，反映到整體商務及所有涉及的互動中。

- **了解利害關係人**。他們會耐心觀察所有可能影響意向實踐的人，深入掌握他們在情緒、財務、物質等方面的特有需求。
- **建立例行程序**。他們會藉著例行程序徵召相關人士參與，爭取他們的支持。

本章的重點就在於傑出CEO如何達成上述原則，以及你該如何借鏡，在個人職涯中與他人適當互動，創造深具意義的影響力。本章會提供最重要的「指揮」實務建議，以我們發現的方法協助你從CEO的高度經營自身的影響力，無論你正處於哪個職涯階段，都能受益無窮。

依意向領導

許多人一搬進獨立的邊間辦公室，擬訂策略的任務馬上接踵而來。更艱難的地方在於，他們必須每天持續以不同方式、針對不同對象轉譯策略內涵，讓所有參與者在每次互動中，都能清楚了解各自需完成的工作，並明白工作的重要性。優秀的CEO擁有清晰的願景，但眞正頂尖的CEO可以進一步邀集所有人（從警衛到最重要的客戶）支持他的願景，並說明每個人負責的工作如何攸關策略成功與否，讓每個人清楚其中的原因。祕訣是？**每次互動時，他們總是懷抱著意向來扮演領導者的角色**。依意向有效領導需具備以下條件：一、清楚任務意向；二、每天的行動與意向一致；三、根據對受眾和情況的深入理解，在所有互動過程中採取有助於實現意向的行動。

帶著「待辦事項」清單到現場指派工作，早就是老掉牙的作法。大家想知道的是你的領導方向及理由，尤其是要求部屬執行高難度或有別於以往慣例的任務時，更應清楚說明。一旦大家了解決策背後的原因，就能視情況自由發揮，即使稍微偏離原訂計畫，也不會與決策原意背道而馳。只要你的日常行爲，甚至微不足道的小習慣，都能與決策所透露的意向相吻合，大家自然會信任並支持你所堅持的意向。

我們時常發現，如果連領導者本身都無法自我釐清決策意向，就要向他人說明及溝通，簡直是難上加難。最近我們才剛輔導某家投資公司的CEO尼克（化名），尼克意識到自己需要下放更多工作上的權力，這對他來說無疑是一項艱難的考驗。這位CEO是很優秀的投資家，商業眼光、分析能力和交易直覺都備受推崇。因此，自從公司創立以來，他在任何重要會議中總是負責「第一小提琴」的首席重任。

十九世紀前，管弦樂團一向是以小提琴手爲核心⑤，其他樂手需聽從小提琴手下達的暗號，從旁配合。一開始，這樣的分工還算有效，但隨著管弦樂團的規模愈來愈大，暗號傳遍整個樂團所需的時間太久，導致小提琴和定音鼓之間的落差過於明顯，專職指揮因而誕生。

尼克沒有太多時間交接公務，勢必得加快腳步才行。自創社以來，他的公司發展順遂，成長異常快速，現在公司需要他擔任指揮的角色，而不是由他親自執行例行工作。話雖如此，但很難落實。「我覺得相當挫折。」尼克向我們坦白，「感覺還是由我在統籌投資會議，沒有人接手這項工作。公司內有很多聰明的人才，但他們太過仰賴我。」

「如果你希望由其他人接手主導，為什麼你還要出席會議？」我們提出疑問。一向快人快語的尼克這時反而靜默了幾秒才回答，他從未想過這個有關意向的簡單問題。

「我想到現場旁聽他們開會，適時給點意見，確認他們能妥善管理公司的資本。大部分時間我只是寫點筆記，偶爾發問，但他們不斷地向我求援，暗示我出面主導。」他這麼說。

我們的觀察發現到，「如果你無法對自己或他們清楚交代出席的原因，他們大概也搞不懂你的用意。你是他們的老闆，他們很習慣由你主導討論過程，所以他們會不時尋求你介入是很自然的事。你必須清楚表達你的意向。」

後來，尼克只是在會議一開始花點時間說明意向，開會的效果馬上就改善了。他在內心釐清了自己出席會議的原因，豁然開朗之感油然而生，如此一來，他也可以很輕易地向其他人表達自己的期許。團隊了解他的意向後，就能勇敢承擔責任，接手掌控大局。尼克及其團隊並非一天就改掉舊習慣，但他們開誠布公地表達了明確的意向，這進而成了他們之間的催化劑，讓整個團隊從令人沮喪的停滯狀態逐漸有了正面的改變。

如果清楚表達意向是領導者的第一個課題，那麼透過每一次的行動、決策和互動（不管多麼簡單平常）全力實踐意向，就是更嚴峻的考驗。不論是指揮樂團或領導團隊，「坐而言不如起而行」的道理一樣適用。假如指揮的手勢與彩排時傳遞的音樂願景不一致，樂手馬上就會產生疑惑，導致演奏亂了套，甚至荒腔走板。

領導者（其實所有人都一樣）的意向可分爲兩種：抱負型（aspirational）和交易型（transactional）。**最重要的事是什麼？這家公司飛黃騰達時，外界會給予什麼評價**？回答這些問題時產生的意向，即屬於抱負型意向。相較之下，交易型意向則是特定情況下的目標。以尼克爲例，他的抱負型意向是培養下一代投資人，確保公司的獲利可以長長久久。然而，只要一開投資審議會，他就不自主地困在長久以來習以爲常的交易型意向中，試圖干涉每一個案子，希望一切能朝他認爲正確的投資決策發展。他的交易型意向與更宏遠的抱負型意向相違背，如此不僅讓他感到挫折，也折損了會議成效。從周遭的例子中，我們很容易就能發現交易型意向和抱負型意向不符的情況，而這些案例不僅付出龐大代價，有時甚至是悲劇一場。

二〇一七年四月九日星期天傍晚，亞裔旅客杜成德（David Dao）搭上聯合航空3411班機，準備從芝加哥歐海爾國際機場（O'Hare International Airport）返回肯塔基州路易維爾（Louisville）的家。班機延誤了兩個小時，機票又超賣，雖然造成些許不便，但類似情形並非前所未見。然而，這起事件的後續發展失控，躍上全球媒體頭條。《紐約時報》報導，「乘客用手機拍攝的駭人畫面……早已超過一般班機超賣對旅客帶來的夢魘。身分未知的（杜姓）男子拒絕放棄機位，因而遭航警強制架離座位，被人抓住手臂粗暴地從走道拖下飛機。他的眼鏡斜掛在臉上，上衣被拉到上腹部，後頭跟著穿制服的人員。」

這名肯塔基州的醫師因此而腦震盪、鼻梁骨折、兩顆牙齒斷裂。聯合航空公司的股票於週二早上應聲大跌四%至六%，股東蒙受高達十四億美元的損失⑥。CEO奥斯卡．穆諾斯（Oscar Munoz）的聲譽面臨重大危機，更因此丟失即將到手的董事長大位。穆諾斯到國會眾議院交通委員會出席聽證會時表示：「公司政策不該優先於正確價值⑦。」穆諾斯向社會大眾道歉後，聯合航空公司與當事人杜成德最終達成和解。

這起交易型意向和抱負型意向不一致的案例，令人心痛。打電話聯絡航警的聯航空服員是憑著**交易型**意向行事，以免班機延遲更久，造成更大的損失，因爲她的責任是盡快讓飛機飛往路易維爾。航警在**交易型**壓力下依指示行事，介入機組人員通報的衝突。穆諾斯（他在事發前一週剛獲得美國媒體《*PR Week*》選爲「年度最佳溝通者」，對照他此次的危機處理手法，顯得格外諷刺）同樣面臨**交易型**壓力，不得不支持公司同仁並顧及企業面子。問題是，以上各方皆未實踐聯合航空官方網站上「客服精神」所闡述的**抱負型**意向：「我們致力於提供卓越的顧客服務，以服務品質將公司推上航空界的領導地位。我們了解，要先擁有足以自豪的產品及快樂工作的員工，才能達成此目標。在航班上為顧客提供正面積極的飛行體驗，是我們的服務宗旨。」

雖然聯合航空公司的這起事件是個極端案例，但抱負型意向和交易型意向互不相符，勢必帶來龐大代價，無一例外。代價或許不是立刻顯而易見，但時間一久絕對會逐漸侵蝕領導效果，傷害領導者的信用。一旦發生抱負型意向和交易型意向不符的問題，領導者可能選擇介入處理，在犧牲他人的情況下，朝著自己設定的目標努力，但這種方式不值得鼓勵。相反地，領導者致力維持抱負型和交易型意向一致，比較能引起他人效尤。或許這就是爲什麼我們的實務資料顯示，與他人互動時不輕易犧牲對他人的尊重，才是最能打動人心的作法。事實上，比起績效不佳的CEO，這類領導者更能秉持尊重的態度對待他人⑧。

最後，若要將意向有效轉化爲實質行動，不妨在每次與他人互動前，先捫心自問下列問題：**哪一個**才是最重要的目標？（這是你的抱負型意向。）這次的互動該如何與目標方向一致？哪些互動成果能對這個最重要的目標有所幫助及貢獻？我希望對方或團隊萌發什麼感想、有何感受，最後如何付諸實行？（這就是你的交易型意向。）要怎樣才能獲得想要的成果？最頂尖的CEO會學著在每次重要的互動前，問自己這些問題，進而養成習慣。貫徹這一點的人發現，這能爲他們與他人的相處上帶來顯著，有時甚至出乎意料的正面效果。

最近，我們與一位新任CEO的領導團隊合作，協助CEO爲首場重要大會做好事前準備。我們邀請他說明在場每一個人的身分和職責，並問他：「在你帶著團隊一起走出會議室的那一刻，你希望每個人有何感想、有何感受、如何付諸實行？」那次的情況是，銷售部目前正如火如荼地導入一項新方法，期望能促進解決方案（而非獨立產品）的銷售成績。

有鑑於最近該公司一直錯失與重要客戶的合作機會，我們特別徵詢CEO的同意，將銷售主管開完會所應產生的意向設定如下：

- **感想**：最近錯失的交易非同小可，如此重要的商機未能把握，應視爲一種警訊，而非只是正常的業績起伏。
- **感受**：對錯失商機負起責任，並自動自發嘗試新的業務促合模式，因爲績效獎金和達成率密切相關。

● **行動**：在往後的重要交易中，主動並提前尋求服務部門主管的協助，擺脫獨立產品的思維，以整套解決方案的形式吸引客戶的目光。以前就是疏忽這一點，商機才會拱手讓給競爭對手。

只要CEO抱持著清晰明確的意向，就能據此調配自己向他人傳遞訊息的內容，順利達成目標。我們不只一次聽到CEO這麼說：「我們賣的是人，不是概念。」有技巧地說服別人，始終是成功CEO得以脫穎而出的重要關鍵，因爲他們很清楚自我意向。他們會對周圍的利害關係人傳送方向明確的影響力，而要做到這一點，他們必須先深入了解這些關係人才行。

了解利害關係人

釐清意向後，接著必須了解利害關係人，說服他們擁護你的決策。若再以樂團指揮來比喻，意即必須要能全面詮釋樂譜，確保雙簧管手和小提琴手收到同樣清楚的指示。

至於如何與數量龐大的利害關係人打交道，尼爾・費斯克（Neil Fiske）可說是行家。二〇〇三年到二〇〇七年期間，他在美國沐浴香氛品牌Bath & Body Works擔任CEO，這是他的CEO初體驗。他逆轉了長達二十六個月的同店銷售額負成長率，在沒有新分店開幕的情況下，讓銷售額從十八億美元增加到二十五億美元。澳洲衝浪運動用品製造商比拉邦（Billabong）在二〇一三年延攬費斯克擔任CEO時，當年度的虧損高達八・六億美元，是前一年的三倍。在他的帶領下，雖然景氣不佳、挑戰重重，但比拉邦公司在二〇一五年順利寫下二〇〇一年以來首度全年獲利的亮眼成績。

或許你會以為費斯克是大刀闊斧的領導者，只在乎帳面上的最終數據。其實不然。他之所以能帶動企業成長，一切都要歸功於他擅長傾聽他人的需求（包括消費者、老闆和員工）並歸納整合的能力，而且以此爲基礎，努力實現願景。

費斯克將他的成功歸功於自己善於傾聽及「翻譯」。金回憶道：「我記得跟費斯克合作時的情景。那時我們正爲某家特色女性服飾公司主持焦點團體（focus group）訪談，我們將十幾名二十多歲的年輕女子集合在一個房間內，我、費斯克和一組（行銷）主管在另一個房間內，隔著雙面鏡聆聽她們交談。有些男生會不禁想要迴避，『這種場合我不適合，我不想坐在這裡聽女生們討論穿著打扮。』」金繼續說：「但費斯克全神貫注，專心了解女性的訴求。總之，他非常願意聆聽及觀察顧客，從中釐清她們眞正喜歡的款式，再以她們熟悉的說法，透過主持人回饋給她們。不僅如此，他能從女性慣用的語言流暢地切換成另一種解釋方式，傳達給其他行銷主管，再回到訪談中以女性喜歡的表達法向她們提問。」

費斯克不知道女性穿上服飾後自覺性感的那種感受，他無從得知，所以並未假設任何立場胡亂猜測，而是化身爲偵探，仔細觀察女性使用的每個字詞和手勢，搭配適時提問、深入探究，從每個可能的角度切入主題，尋找答案。爲了了解女性的想法和感受，他並非選擇發揮同理心或試著感同身受。相反地，他運用智慧，專心聆聽及收集能幫助他理解的資訊，從中了解女性眞正在乎的重點，結果證明他的方法正確無誤。費斯克的努力成了日後該特色女性服飾公司的重要發展基礎，創造出高達十億美元的商業價值，這是該公司創立以來最成功的一次行銷操作。

不管是男性領導者試圖理解女性穿上特定服飾後的感想，還是ＣＥＯ想知道爲何大股東對新的收入認列方法不甚滿意，隨著你的職責位階愈高，要面對的利害關係人也日益複雜，他們的需求、假設和感受都會與你大相逕庭。

在我們訪談過的ＣＥＯ中，全力**從交際中創造影響力**的人會將重心擺在確認利害關係人的身分，以及他們渴望的目標，而要成功了解他人的想法，勢必得用心提問和聆聽，不能憑空想像。芝加哥大學商學院的尼可拉斯・艾普利（Nicholas Epley）教授把這種較爲精確的作法稱爲「洞察力」（perspective getting）[9]。他認爲，站在他人的立場試圖想像，無法保證就能想像正確。若你曾經住院，遇過醫師盡責地巡房，大概就有過這種親身體驗。專業的醫師不會瞄你一眼，就告訴你病情狀況，相反地，他會溫柔地問你問題，不僅詢問你的身體狀態，很可能也會問到你的心情。當他在病床邊坐下時，你的內心會產生「這個醫師眞好，值得信賴」的想法。當你徹底放鬆後，就會告訴他所有事情。這樣一來，他的診斷不只讓你更有信心，診斷結果也比較正確。

並非所有人都天生擅長和各式各樣的利害關係人打交道。艾普利指出，我們時常過度自信，認爲自己可以正確判斷他人的想法、感受和欲望，但事實上，我們光是猜想他人的感受，就可能遭遇重重困難。幸好，**洞察力**可以透過學習、練習及實際運用來加以熟悉。

有一位我們合作過的CEO德凡（化名），渾身散發領導魅力，他曾經公開承認自己不太懂得換位思考，但他相當擅長掌握他人的觀點。他會在開會前徹底了解對方，到了現場就專心傾聽。他會利用主動聆聽和模式辨識等技巧，抽絲剝繭地收集細微線索。

對於最近即將見面的潛在客戶，他同樣事先做了功課，向我們侃侃而談他的觀察：「你知道嗎？我覺得這個人喜歡聰明行事，不太願意冒險。如果我們希望進入他的供應商名單，就必須設法讓他知道這個決定的風險很低。」到了開會現場，他在無意間脫口而出：「現場有一家大廠與多家供應商合作，將這個元件外包給一家以上的廠商，結果證明這是聰明的策略，因為不少競爭對手面臨了缺貨問題，他們就趁勢搶下市占率。」這位客戶聽到這個業界消息，眼睛爲之一亮，因而改變認知，認爲與多家供應商合作才是最保險的策略。雖然德凡缺少換位思考的能力，但他運用犀利的觀察和分析來加以彌補，同樣有助於了解受衆及增進友好關係。

內向的人通常擁有突出的**洞察力**。他們天生就喜歡聆聽多於講話，將接收到的訊息適度消化後，再應用到人際互動上[10]。可能就是因爲這樣，我們的資料庫中，自認內向的訪談對象比外向者表現優於預期的機率略高[11]。弗萊德．哈珊（Fred Hassan）就是內向但實際表現大幅超乎預期的絕佳範例。哈珊是舉世聞名的CEO，對交易媒合相當有一套，曾服務於知名藥廠法瑪西亞（Pharmacia）、製藥公司先靈葆雅（Schering-Plough）；先靈葆雅在他的領軍之下，於規模相當的競爭對手的市值衰退二十一％之際，市值反而逆勢成長六十二％，這是他爲人津津樂道的事蹟。他也曾服務於視力保健產品製造商博士倫（Bausch + Lomb）。「早年你可能無法發現我這方面的能力。在成長過程中，我是那種非常內向的小孩。別人給我的評價多半是『個性不錯，但在一群人之中通常不會是最出鋒頭的那個。』早期連我都不認為自己擁有領導能力，但我始終對人很有興趣，想盡自己所能幫助他人，我很享受那個過程。我對自己的事情不太感興趣，真要說的話，我更喜歡了解他人的需求。」

具備優異**洞察力**的人知道必須直接找到源頭，了解他人的想法和感受，不管面對的是董事會、消費者或員工都一樣。電腦軟體公司財捷的創辦人史考特．庫克（Scott Cook）正是利用這種能力，打造出市值超過五十億美元的事業王國。財捷公司的團隊會定期安排一天觀察消費者如何使用產品，就近了解消費者遇到的問題和瓶頸。「二〇〇二年，我全面審視了公司的每一項新產品，試著了解成功和失敗的原因。成功的產品有兩個共同特色。第一，消費者是否還有未解決但相當重要且棘手的問題？第二，我們提供的解決方案是不是比其他人好？一般來說，只要搞定這兩大問題，大致上就能成功。企業存在的宗旨是要改善人們的生活。而我們的失敗經驗大多也可以歸咎於這兩個原因，所以才會想要直接觀察消費者的實際體驗，希望能發現更多未解決的問題。」

比起發揮**洞察力**，我們時常發現企業主管背道而馳，把他們自己的經驗或感受投射到他人身上。這會導致錯誤的假設及期待，使他人日漸疏遠，最後不願服從你的領導。

史帝夫・考夫曼在一九八六年至二〇〇〇年擔任艾睿電子公司的CEO時，企業市值從五億美元成長到一百二十億美元。從各方面來說，考夫曼都是一位成功的CEO，但在他的CEO生涯早期，在**從交際中創造影響力**這方面吃足了苦頭。艾睿電子公司身爲經銷商，與供應商的關係自然至關重要，因此公司設有大單位負責管理相關事務。不過，考夫曼決定把行銷和採購分成兩個獨立的部門。「精通數字的人主掌庫存和採購，善於表達但不喜歡處理數字的人負責行銷。這種道理放諸四海皆準！所有人都會喜歡這種安排。」他沒有深入探究團隊成員的工作動機，就一廂情願地這麼認爲。就考夫曼的這項舉動來看，很顯然是從上司的角度思考。

然而，這樣的安排並非皆大歡喜。「資深的同仁喪失了向供應商採購的權力，所以他們拒絕配合。他們開始向供應商抱怨，說這個叫考夫曼的傢伙簡直亂來。他不懂業界的規矩，這樣的改革糟透了。」不久，英特爾（Intel）和德州儀器（Texas Instruments）等大廠開始向考夫曼抱怨：「你到底在幹嘛？這會毀了你的公司！你的員工會一個個跳槽！你完全不懂這一行的生態！」

「內部員工態度堅定，從一開始就很反對這項安排。」考夫曼這樣告訴我們。雖然很沒面子，但他不得不撤回計畫。他永遠不會忘記那次學到的教訓：務必先理解利害關係人的想法，並徹底釐清相關情勢（**洞察力**），再實際採取行動。他自我檢討，「後來我就比較注意，知道必須先取得內部主管的支持。從那次經驗中，我學到要先向熟知業務運作的人請教，再著手擬定政策。」原因在於，他覺得有道理的事，負責執行的人員不一定認爲合情合理。

不論是要激勵團隊更上一層樓、推出新產品，或是爭取嚴苛的董事會同意，只要審慎發揮**洞察力**，就能有效避免失敗，迎向成功。

一般來說，我們接觸的每位CEO候選人，或多或少都對人際關係的某些方面經營有成，但很少人能夠面面俱到。例如，有些人善於傾聽顧客的需求，但與董事會的應對就顯得有點急躁；有些人可能與部屬配合得天衣無縫，但與同位階的同事反而處得不好。不管在職場上處於哪個階層，我們都是廣大人際網絡的一部分，每個人都能透過認眞維繫人際關係而獲得好處。唯有充分提問及仔細聆聽，才能發展出夠堅實的專業能力，對於各種人和情勢都能明察秋毫。

鍛鍊洞察力的意外收穫

找到具備權威地位且能提供充分支援的良師益友，是典型「職涯管理基礎」的主要概念之一。但是當賽仕公司分析我們的評估資料以後，我們發現表現**較差**的CEO候選人很容易談到良師益友在他們職涯中的重要地位；實力**較強**的人選則比較側重於他們本身**給予**別人的忠告與建議，而不是接受他人的指導[12]。雖然這與傳統觀念完全相反，但與「從交際中創造影響力」的概念相互呼應。

指導他人是鍛鍊**洞察力**的絕佳管道，因為要協助尚不了解自身需求的人，有一定的難度。指導他人，能讓一個人在不知不覺中擁有團隊、人脈和執行任務所需的資源。當周圍有人渴望追隨你的時候，你要成為領導者就變得較容易。企業董事會知道，雖然他們只聘請了CEO本人，但其實也連同取得了他的人脈。

吉姆．唐納德（Jim Donald）曾任星巴克（Starbucks）、美國連鎖超商帕斯馬克（Pathmark）和飯店集團美國長住飯店（Extended Stay Hotels）等大企業的CEO，他為自己工作上的成就下了這樣的註解：「要在職場上嶄露頭角，首先得照料好公司內的每一個人，像是同仁表現良好時給予肯定，並跟第一線人員建立和諧的關係。這之所以如此重要，是因為當你往上爬的時候，若有一股由下而上的力量支撐著你、把你往上推，而不是在過程中單打獨鬥、只靠一己之力把自己往上拉，一切會容易許多。」

透過例行程序經營人際關係

管弦樂團指揮的工作，大多能在彩排時就塵埃落定，在正式登台前就安排妥當。同樣的道理，領導者要有效協調整個組織，光是釐清個人意向以及了解利害關係人的動機和需求還不夠，領導者必須養成習慣，以固定的例行程序來經營與各方的關係，並將此人脈化爲有利於企業發展的實際行動。事實上，不管是剛嶄露頭角的明日之星或CEO都需要刻意練習，才能引領整個管弦樂團在台上發光發熱。建立例行程序和方法，每天不厭其煩地反覆執行，最後就能自然流暢地在演奏會中指揮編制龐大而複雜的樂團，輕鬆完成艱鉅的重責大任。以下提供四個重要的不變法則，協助你精進「從交際中創造影響力」的能力：

1. 溝通、溝通，再溝通

反覆告知是很重要的。比拉邦公司的尼爾．費斯克建立了五年一期，共七個階段的解決策略。他想確定所有人隨時都知道自己在政策中的位置，以及進度是否超前或落後。「不管是每次視訊會議，還是每一場內部會議，我們日後都會以某種方式、型態或形式回顧。」

怎麼確認你想傳遞的訊息能順利傳遍全公司呢？對此，費斯克提出所謂的「七原則」，亦即所有消息都必須透過七種管道反覆宣傳七次，才能保證所有人都收到資訊。發布正式備忘錄、影片、部落格；在布告欄上張貼備忘錄內容、召開全體大會、往來停車場途中閒談、在茶水間閒聊。你必須刻意宣傳，但不能過度溝通。

艾睿電子公司的史帝夫．考夫曼發現，若不頻繁宣傳，消息就無法順利傳到所有人的耳裡，這樣的現況實在令人失望。他到分公司查訪時，通常會先花半天的時間巡視整個廠區，和作業員聊聊天，和總經理坐下閒聊。下午，他會搭上業務代表的車離開公司。他可能會在車上隨口問：「你覺得我們和德州儀器合作的行銷計畫怎麼樣？有效果嗎？」大概有三分之一的機率，同車的業務會回答：「那是很棒的計畫，效果很好，我因此多了不少業績。」有三分之一會這麼說：「你知道嗎？那個計畫在這裡行不通，因為市場狀況不一樣，我們才剛完成調整。」考夫曼繼續說：「這些答覆我都不在意。但最後三分之一的業務才教人頭大，他們通常會反問：『什麼計畫？』」

2. 破除地方勢力

我們認識的高階主管大多嚴重低估了辦公室裡山頭林立的問題。在他們心中，這些人只是團隊的一員，可能只是平凡的「瑪麗」或「大衛」，普遍而常見。但對於公司內的其他人而言，這些人一旦榮升，馬上就會變成上司，相處上難免會有所顧忌。若要繼續讓大家可以暢所欲言、流暢溝通，勢必得投注額外心力，解決這項問題。CEO必須積極採取行動，讓所有人都能擺脫包袱，自在地分享重要資訊，不論是具有預警意味的徵兆、改善契機或甚至是重要功績，都是寶貴的訊息。

珠寶品牌約翰哈迪（John Hardy）的現任CEO羅伯特．韓森（Robert Hanson），曾在早年運用了這個技巧，成功挽救當時他擔任總裁的服飾品牌利惠（Levi's）歐洲區營運，帶領該企業擺脫衰退的命運。當時，歐洲各地分公司的總經理各自爲政，導致公司營運缺乏效率而虧損連連，且各國Levi's 501商品的外觀差異甚大，讓總公司極力塑造「經典產品」的效果大打折扣。那時，各分公司的總經理都比年輕又資淺的韓森年長好幾十歲，小心翼翼地呵護著手上握有的權勢。若將他們叫進辦公室，會讓整個局面立刻政治化。因此，他以個人名義親自拜訪，表達對他們的尊敬，在相處過程中建立溝通的共識。韓森不吝展現尊重並了解所有總經理的需求，成功說服他們配合改革。最後當他離開利惠公司時，公司營收已經逆轉先前兩位數的虧損趨勢，再度呈現正成長。

3. 以公司為歸屬，與基層不離不棄

改善法則（Kaizen methodology）建議，經理應「拜訪工作實際執行的場域」。得人心的CEO會走出辦公室，到團隊的舒適圈（也就是他們工作的地方）與他們相處。舉例來說，有些頂尖CEO，像是美國長住飯店集團、星巴克和帕斯馬克的前CEO吉姆·唐納德就曾經告訴我們，他有一半時間不在自己的辦公室，而是與基層人員為伍。認真想像一下：唐納德整個星期有**大半**時間都在和櫃檯人員、房務人員及住房賓客打交道，這和生活奢華、忙著招待企業大亨的CEO形象，相差十萬八千里。唐納德很早就從前老闆，也就是沃爾瑪（Walmart）創辦人山姆·沃爾頓（**Sam Walton**）的身上，學到領導者必須放下身段、走入基層的道理，他們必須持續不懈地向顧客和員工請益，再根據他們的意見不斷改進。

管理方面，唐納德利用電子信箱建立強而有力的意見回饋循環。任職於美國長住飯店集團時，他每週固定寄送兩封手寫信（掃描後以電子郵件寄出）給數百位區

域及地區經理。這些信件的結尾都會寫上「歡迎來信指教」，鼓勵收件人回信。他每週都會收到大量意見，而他會親自回覆每一封信。公司的物業經理每天也會收到CEO的語音訊息。雖然這麼做需要投入大量的時間，但很值得。很多時候，唐納德會比其他主管更早知道公司出現了哪些問題。

★★★

我們時常看到有天分的專業人才，在職涯中期淪爲場上敗將，原因在於他們都在**從交際中創造影響力**的鐘形曲線上過度偏離核心，落入兩側極端。有些人急著看到成果，最後欲速則不達；有些人太在意每個人的感受，導致率領團隊時綁手綁腳、作繭自縛。無論哪種情況，想要調整領導風格，難免會有感到氣餒的時候，甚至感覺違反本性。如同唐納德所說，「這份工作並不光鮮亮麗，違論有任何魅力可言，更不是整天穿著帥氣有型的西裝就好。你必須換上公司制服、捲起袖子、不怕弄髒雙手、實際去做才行。」

從交際中創造影響力是一種深思熟慮的綜合能力應用，需要刻意練習，其中牽涉到釐清個人意向、明察事理，以及根據組織情況和人力，謹慎而廣泛地持續拓展人際關係。過程中，你必須積極探究及評估每個人重視的事項和原因。

最後，這樣的訓練才能內化爲自然本能，進而與所有人建立和諧關係，從行銷實習生到工程部主管，你都能在不具各領域專業的前提下應對自如。成爲ＣＥＯ的過程，是一連串無止盡的人性歷練。簡單來說，能從衆人之中脫穎而出的佼佼者，都是最用心付出的好學生。

檢驗你從交際中創造影響力的能耐

無論你是管理新手還是經驗老道的老鳥，歡迎接受以下挑戰，檢討自己是否淪為職場濫好人。請利用以下問題自我評測，並向信任的同事尋求寶貴的意見。下列問題中，如果你有超過三題回答「是」，表示你可能就是我們所謂的濫好人。你會發現，一旦改變在職場上的行為，績效表現方面就會連帶獲得相當可觀的回報：

1. 你的團隊是否覺得公司的重點發展項目太多，毫無焦點？

2. 同仁從你召開的績效檢討會議離開時，是否仍然無法清楚說出自己的優勢與目標的差距，以及你對他的期望？
3. 面對忠心耿耿但不符合公司發展需求的團隊成員，你是否感到猶豫不決，遲遲無法決定該如何處置？
4. 在他人對你的形容中，「好好先生／小姐」是不是前三名的說法之一？
5. 決策時，對人際關係的影響是不是你的首要顧慮？
6. 周圍的人（團隊成員及老闆）是否說過你很擅長避免或減少衝突？

重點回顧

1. 界定意向。抱負型意向（攸關全局的最重要目標）和交易型意向（每次與人互動時的目標）必須保持一致。
2. 盡力發揮洞察力，了解不同利害關係人的想法。
3. 建立例行程序，設法讓利害關係人支持你的意向。

Chapter 4

力求沉穩可靠——堅持不懈，努力實踐

是重複的行為造就了我們，因此卓越不是單一的舉動，而是一種習慣。

——亞里斯多德（Aristotle）

最令我們驚訝的發現中，有一項特質極不起眼，一般人通常不屑一顧，而且你不會看到任何CEO的個人履歷或商業刊物對此大肆頌揚，極力推廣。然而，在成就高階主管的致勝要素中，只有這項行爲可以同時提升合適人選獲得企業青睞及勝任職務的機率。

是什麼人格特質呢？不是自信、經驗，也不是果決。能讓你在爭取工作和實際表現上雙雙致勝的關鍵行爲，就是**沉穩可靠**。**做事可靠的CEO有十五倍的機率可以順利達成高績效，而他們拿到企業聘書的機率也是其他人的兩倍**①。

雖然「沉穩可靠」這項特質乍聽之下只是老調重彈，但我們的觀察發現，領導者光是要讓自己和組織每天持續爲理想付出，已是一大難題。至今超過九千名領導者做了我們的「CEO致勝行爲」診斷，其中「沉穩可靠」一項的得分始終墊底。原因何在？很多時候，出身自大企業的領導者通常需要仰賴既有的管理機制。他們只是善用一套可靠的機制，並非從頭打造，所以一旦面臨缺乏任何機制和程序可以倚賴的情況，自然就會陷入困境。

反觀從小公司嶄露頭角的領導者，往往處於「隨時備戰」的狀態，必須馬上投入戰場，親自處理重大問題及滅火。這類經常需要滅火的主管很容易自我感覺良好，自認爲擁有輝煌戰果（事實上也是），但在不斷疲於奔命的情況下，他們極少意識到有必要建立相關程序，以防再次發生緊急事件。當他們終於成爲ＣＥＯ，眾人的期許和壓力排山倒海而來，在行程緊湊的生活中，他們自然很難投注時間和資金，建立強大的商務管理機制。

爲什麼沉穩可靠的特質如此重要？如果領導者做事可靠，客戶、董事會和員工自然會假設工作可以順利完成。董事會一向喜歡把任務交代給「信得過」的人，資深主管也是如此。我們的資料顯示，這種特質的人選往後通常可以建立高績效的企業組織②。

以比爾．亞梅利奧爲例。他前後擔任過三次ＣＥＯ，算是管理老手，目前是電子經銷商安富利（Avnet）的ＣＥＯ。他活力充沛、決策果斷，隨時都在努力提升自我。他做事積極，「靜待他人交付成果」不是他的作風。他熱愛勝利的快感，痛恨失敗的挫折。他幾乎言出必行，不閃避責任，這種個性在他於中學加入摔角隊時就已經展露無遺。當時，他的手肘脫臼還未痊癒，但在整個賽期中，他仍負傷正常出賽，最後在競爭激烈的賓州決賽中，以四比六的些微差距與冠軍寶座擦身而過，排名亞軍。

亞梅利奧雖然貴爲ＣＥＯ，依然展現值得託付的一面。他所散發的氣質總是讓周遭人認爲「這件事一定可以順利完成」。自一九九〇年代晚期至今，亞梅利奧在五份高階主管的工作任內都訂定了開會行事曆，從每週團隊會議到每季的全體大會，都規畫得清清楚楚，而且準時召開，不曾食言。亞梅利奧的某位直屬部屬表示：「光是開會的節奏，就會讓人不禁感受到強烈的管理紀律。他堅持開會精簡扼要，對於事項傳達、職務分配以及組織運作的節奏，都有一套條理分明的做事方法。」每個人都清楚知道自己背負的期許與責任。

我們初識亞梅利奧時，他剛當上CHC直升機公司的CEO。CHC公司擁有全球規模最大的中大型直升機隊，負責載送石油平台工人到外海、執行搜救作業及緊急醫療任務，從奈及利亞、亞塞拜然到北海都是他們的飛行範圍。許多寶貴的生命需要仰賴CHC公司提供安全可靠的專業服務。不過，這家公司雖然維護了客戶的安全，背後其實付出了相當龐大的代價。這家市值超過十億美元的大企業在三十個國家擁有五千名員工，營運風格卻彷彿家庭式雜貨店。多年來，管理團隊始終入不敷出、直升機閒置、零件供應凌亂不堪，百廢待興。逆轉這番頹勢就是亞梅利奧的重責大任。在他上任一年後，CHC公司的財務不再透支，甚至在嚴苛的市場競爭和龐大債務下，還能有足夠的預算。

亞梅利奧掌管企業時，就像工程師一樣重新建構、打造新的商務系統，以協助尋找問題癥結並加以解決。他重新設計了CHC公司的組織架構，將職責歸屬列爲發展重點。他希望員工能清楚各自的職責所在，每項重點業務都有人清楚掌管。在他的領導下，管理團隊很快就脫胎換骨，全球頂尖的財務長、營運主任及其他高階主管相繼走馬上任。有了這支管理團隊，他得以隨時掌握各大行動計畫。這份清單最多曾達三百四十七項，但隨著團隊運作漸趨穩定，數量便精簡到三十五項。

爲亞梅利奧提供諮詢服務時，我們也針對他本人及執行團隊做了年度三六〇度回饋檢討。在我們的訪談對象中，有二十一人一致贊同，公司能成功翻身，亞梅利奧**沉穩可靠**的特質發揮了關鍵作用。對於「亞梅利奧貫徹始終的驚人能耐」，他們崇敬的神情溢於言表。亞梅利奧在離開CHC公司後，接著擔任電子零售商安富利的CEO。他複製了之前的成功模式，在短時間內打造了強大的領導勁旅及完善的商務管理系統。

「貫徹承諾」是沉穩可靠的一大特徵。在我們研究的樣本中，實力堅強的CEO候選人有九十四%會對承諾堅持到底[3]。組織心理學的研究發現，條理分明、自律嚴謹、做事仔細的人，也就是在五大基本人格特徵的「認眞盡責」（conscientiousness）一項中奪得高分的人，成爲成功管理者的機率較高[4]。

亞梅利奧可能是大家見過最嚴厲的老闆，但有趣的是，能力高強的同仁會跟隨他跳槽到其他公司。原因很簡單：在亞梅利奧的帶領下，他們總能成功。成功的員工通常都很敬業。哈佛商學院的特瑞莎．阿瑪貝利（Teresa Amabile）深入鑽研敬業的內涵，發現要讓員工有成就感、從工作中獲得滿足、對工作懷抱熱忱，「有所進步」是最重要的因素⑤。

企業界對於可靠又有能力的人，一向相當珍惜。老闆和客戶比較願意承受他們帶來的風險，也比較樂於給予機會。他們下意識地認爲，這類人才堅持到底的毅力，會是他們在職場上發光發熱以及企業成功的重要推力。不僅如此，沉穩可靠的人容易獲得肯定。美國廣播公司積雲媒體（Cumulus Media）現任CEO瑪麗．伯娜（Mary Berner）告訴我們，她之所以能在知名的費爾柴德出版公司（Fairchild Publications）覓得人生第一份CEO職務，從而發行時尚雜誌《*Glamour*》，主要是因爲她「腳踏實地追求成果」的個性所致。

成就**沉穩可靠**的重要支柱，包括個人穩定性、設定切合實際的期待、練習基本的責任感，並將持之以恆的精神實踐於企業組織中。

穩定表現的祕密

董事會和股東相當重視成果能否延續。成果的延續會讓他們相信，當下強勁的績效表現會繼續保持，領導者值得信賴。舉個例子，最近我們正在協助某企業的董事會決定CEO接班事宜，而該企業內部正好有兩名合適的人選，在此稱他們為彼得和麥克。彼得的績效時常優於預設的目標，常有意想不到的優異成果。然而問題是，他的表現捉摸不定，難以掌握。他的成功比較像是承蒙老天爺眷顧，不是可以重複期待的必然結果。高瞻遠矚與天馬行空只有一線之隔，董事會始終不確定彼得屬於哪一種。

反觀麥克，他的表現總是可以符合預期，但很少有令人驚豔之舉。他的表現彷彿時鐘分秒般固定，都在預料之內。他很穩定，像是堅硬的磐石一樣值得倚靠。董事會認為，他們可以放心地把重責大任託付給他，沒意外的話，每年都能穩定收穫。

我們發現，大部分董事會喜歡選擇表現容易預測的人才，不願在捉摸不定的天才身上賭一把。人生充滿驚喜，但對他們來說，CEO最好按部就班，不要有任何意外之舉。對此我們完全可以理解。董事會上，「沉穩可靠」一向可以輕鬆擊敗「例外主義」（exceptionalism），成爲最受青睞的個人特質。

事實上，對於時常發生的不尋常行爲，我們可以預期並做好準備及控管。但要與難以捉摸的老闆或合作夥伴共事或管理事務，彷彿就像走在地雷區，同時還要表現出色一樣困難。

我們對數百名績效欠佳的CEO做過三六〇度檢討，發現每個人在諸多方面都有反覆無常的表現，因而成爲致命要害，幾乎無一例外。以下列舉幾種常見類型：

- **海鷗型**：「他平常不聞不問，但每次他出差前夕，你都要歷經幾百封電子郵件的疲勞轟炸，而且你會發現，前三個月的心血結晶總是在最後時刻慘遭否定，非得慌忙趕工，才能如期把他送上飛機。」
- **消防隊型**：「除非到了危急存亡之秋，否則他不會輕易出面，而且我們總是無法預測他會在何時以哪種方式介入，就連他會不會出現，都無從得知。」
- **業餘玩家型**：「我永遠不知道他接下來又會著迷於什麼事物。今天他可能熱中於鑽研中國，明天可能研究精益生產（lean manufacturing），後天又興致勃勃地暢談大數據對公司的影響。他總是三分鐘熱度，但整個公司就得隨他起舞，最後落得一事無成。」

●**不定時炸彈型**：「他對事情的反應取決於當下的心情，對工作的標準則是每天都在改變。沒有人知道他到底爲了什麼心情不好。」

美國民權與人權中心（Center for Civil and Human Rights）創辦人暨前CEO、亞特蘭大武德洛夫藝術中心館長暨CEO道格．希普曼曾告訴我們：「沉著穩定的性情，能給人明確的期待。誰都希望團隊可以先猜測你會問的前一、兩個問題，然後預先思考答案，做好準備。這等於是在教導他們應該注意哪些事情。如果團隊上呈的預算數字跟以往不太一樣，最好讓他們自己研究，找出影響數據的主要因素。一旦你的態度出現兩次不一致的情況，就會產生新的規律。」對此，天伯倫公司（Timberland）的前CEO傑夫．史沃茲（Jeff Swartz）深表認同。「如果你要嚴肅看待某件事，就必須每次都嚴肅以對。要是你第一次板著臉、第二次卻嬉皮笑臉，只會讓人一頭霧水。別人搞不清楚你真正的態度，對大家都沒好處⑥。」

一個人若能穩定行事，無形中會產生令人懾服的強大韻律，促使他人發揮最大能耐，追求最佳結果。

高穩定度領導者的習慣

在我們認識的傑出CEO中，只要他明白沉穩可靠的特質有多重要，通常也會重視每件小事。他們會在各方面努力做個值得倚靠的人：

- 他們準時開會、搭機、接電話。
- 開會時，他們會將交辦的每一件事（誰在什麼時候做什麼事）說清楚。
- 他們貫徹執行所有講定的事務。
- 他們羅列清單（待辦事項、要讀的書、犯的錯誤、要聯絡的對象、實用資源等）並付諸執行。
- 與團隊互動時，他們很清楚自己的個人情緒、用字遣詞和言行舉止——一言一行是否發揮了想要的效果？
- 他們讓需要知道消息的人隨時可以掌握最新情況，使所有人都能放心。

設定切合實際的期待

讓他人相信你値得倚靠且言出必行，是說服對方實際行動的一股動力。非營利組織「爲美國而教」（Teach For America）的CEO埃莉薩・維拉紐瓦・比爾德（Elisa Villanueva Beard）認爲：「每個人就像在看你下西洋棋，你走的每一步都代表了你的個性、理念、設定的目標，以及你對工作有多麼在乎、如何領導團隊完成工作。」

那麼，上任初期，在還沒有具體的工作成果可以展現你的實際能力時，該如何在別人心中奠定你踏實可靠的形象？我們從最頂尖的領導者身上學到一點：**他們會主動給予具體承諾，營造一個可以按部就班實踐的情境**。

從快遞人員到整天坐在電腦前的上班族，職場上有許多人每天都在實踐他們承諾的事。只是，眞正成功的人不僅將沉穩可靠的個人特質，轉化成領導力的核心特色，更進一步發揚光大。光是「實踐」還不夠，他們會主動爲自己和團隊設定期許，而不是被動等待薪資等級或職稱賦予他們這種權力。

軟體公司佩雷斯系統（Plex Systems）的CEO傑森・布萊辛（Jason Blessing）

告訴我們，他「一生最具挑戰性的任務」就是參與一個全球軟體實作計畫，而他將成功歸因於自己可以主動掌握及重新設定期待。

當時，他才二十六歲，任職於人力資源廠商仁科（PeopleSoft）。某位資深員工正對一個上千萬預算的全球軟體實作計畫束手無策，焦頭爛額。參與該計畫的同事都稱此爲一場「災難」。布萊辛受命淌入這灘渾水，開始與這位自顧不暇的上司共事。雖然他擁有卓越的專案管理能力，但真正化險爲夷的關鍵還是在於他如何重新調整客戶的期待。

原本客戶預期可以完全使用仁科公司提供的資源，但布萊辛發現，公司的人力配置完全錯誤。長期來看，計畫要成功，他們需要採取不同的作法。他不僅必須說服客戶換掉計畫的合作夥伴（也就是他的上司！這是很棘手的職場政治難題），還要說服客戶在其企業內部編制更多專案人力資源，而不是完全仰賴顧問。簡單來說，他必須建立新的期許，告訴客戶怎麼做才是最理想的辦法。布萊辛和團隊最後順利達成了目標。這次成功出擊，讓他在公司內成了值得倚賴的員工，而機會大門自然爲他開啓。

值得信賴的領導者不拘泥於既有的外顯承諾，而是仔細尋找蛛絲馬跡，鎖定真正有意義但**不明顯**的需求。雖然這麼說有點不可思議，但董事會和老闆時常無法清楚傳達他們的期待，是不爭的事實。最近，我們才眼睜睜看著某位CEO慘跌一跤，雖然他不只達成，還超越了公司設定的營收目標。他任職於一家網路安全服務公司，營收大約五千萬美元，在此之前，這家公司才剛被某家營收中等的私募股權企業收購。雙方根據收購當時的市場狀況，設定了營收目標。

要知道，這位CEO一點也沒有怠惰。他孜孜不倦地工作，率領團隊很有效率地朝目標前進。只可惜，雖然他如此勤奮，但與董事會的溝通並未保持同步，亦即未能適時察言觀色，觀察他們的意見回饋和想法，從中察覺原本明確設定的期待已然改變。當年，產業的景氣逐漸升溫，這讓董事們的期待也跟著水漲船高。雖然他們沒有明說，但他們都暗自認為，公司應該可以受惠於市場景氣，達到比原設定目標更高的營收。

當這位CEO最後帶著營收數據前往報告時，滿心以為既然所有目標都順利達成，自己的表現必然可受到肯定。然而，董事會的回應意外地平淡。他們希望看到的，其實早就遠超過CEO帶來的成果。他感覺自己中了一記冷箭，不只個人感覺沮喪，他與董事會的關係也變得緊張。

無論是試圖讓老闆對你懷抱明確的期許，或是上述案例中CEO與董事會之間對於營運目標的默契，都不僅僅是一廂情願地認爲自己有權力設定執行的步調和過程。重點在於，你必須能夠察覺別人（或許沒說出口）的期待，並說服他們相信你有能力實現那個你所描繪的美好未來。

不管在職涯的哪個階段，你都可以主動塑造別人對你的期待，再穩健地一步步實踐。受命負責專案時，你的回覆不該只是：「沒問題，我會處理。」應該是：「我會在何時完成什麼進度，包在我身上。」接著，全力貫徹你給出的承諾。

挺身而出，勇於承擔

想要獲得他人的迴響與支持，只設定明確的期待和貫徹始終並不夠。身爲領導者，你必須激發員工的動力，使他們**想要**達成目標。我們從比爾．亞梅利奧這類嚴厲的領導者身上發現，他們通常採取兩種方法來爲自己創造領導高度，即使對工作的標準甚高，團隊仍舊對他們不離不棄，認爲他們值得信賴。

沉穩可靠的CEO往往會要求自己對利害關係人（包括員工、消費者、客戶、合作夥伴、董事會）**徹底實踐個人當責（personal accountability）的理念**。他們用最高標準嚴以律己，才能要求別人負起相對應有的責任。

之前提到的CEO瑪麗．伯娜以「腳踏實地追求成果」自我勉勵，她曾與我們分享如何對自己率領的團隊，乃至於整個公司都充分負責。對她而言，《讀者文摘》（*Reader's Digest*）是一段較具挑戰的經歷，她在上任幾年後，就必須帶領公司度過預先安排破產的艱困期。她意識到必須盡快換上嶄新的視野，熟悉二十一世紀的個人當責及透明化等概念，同時還要執行幾項極爲艱鉅的決策，例如刪減八％的人力編制。她怎麼做呢？她讓五千名員工每半年幫她打一次分數，並將員工的每一則評論（毫無刪減地）放到公司的內部網路上，供所有人瀏覽。「大家以為我會隱惡揚善，但從公開的資料中，大家就能知道我毫無保留。所有好的、壞的、醜陋的都一律公布，讓員工願意相信我的為人。CEO時常活在個人的小世界中，說的比做的好聽。每位CEO都在談論負責的重要性，但如果你不以身作則，根本不會有人買帳。」

從成就卓越的領導者身上，我們還發現另一個深植於動機中的行爲通則。在那些我們習以爲常的遠大抱負和強大的行動力背後，其實他們很願意成爲他人依靠的對象。無論是個人生活還是職場，爲人可靠的CEO都願意挺身而出，扛起責任。

我們在與佩雷斯系統公司的CEO傑森·布萊辛進行訪談時，就發現了這項特質。承續前述的軟體計畫，他希望我們明白，他早年加入計畫團隊時，完全不是想在職場上展現個人抱負。他的目的不在於貪權奪勢，也不是拉抬身價。他的出發點很單純：只是想幫忙。「我秉持公正誠實的立場，希望客戶和團隊能夠雙贏。」

在開始進行CEO訪談計畫之前，我們可能會天真地告訴你，布萊辛的案例並不常見。除了強烈的抱負心之外，還有什麼特質可以促使一個人參與成功機會渺茫的艱難計畫？但在訪談了這麼多位CEO後，我們發現這種動機——想當一個值得他人依靠的人——並非特例。事實上，這種特質相當普遍。亞梅利奧的說法或許最直白易懂：「（之所以想當CEO，）最大的理由是你真的喜歡管理及領導，你能因為這件事熱血沸騰，興奮不已。說穿了就是你非常關心他人。」上次見到他的時候，他才在週末花了大半天的時間，替某位主管化解家庭危機。

「在重要的地方總有領導者的身影。」前南加州大學教授暨領導學之父華倫・班尼斯（Warren Bennis）這麼說。「他們很樂意在關鍵時刻助同事一臂之力⑦。」初出社會時，我們很容易以任務爲導向。正是這種希望有一番作爲的自我期許，激勵許多人繳出亮麗的職場成績單。「値得依靠」和「表現穩健」之類的形容詞，對職場上渴望有所表現的年輕人來說，或許還是相當陌生的概念。在這個階段的人生中，這種現象算是正常。很少人在剛出社會時就懂得對他人有何責任，但隨著經驗累積，以資深領導職位爲志向的人自然會朝這個方向成長。

理由很簡單：只在乎個人成長的人，遲早會發現自己在職涯上遭遇瓶頸。要當一位成功的管理者和領導者，你必須跳脫對個人成就的堅持，專注於追求集體榮耀。魚與熊掌往往無法兼得，一心只在乎自己的人一旦需要管理團體，工作表現就不再精采耀眼。職位愈高，愈需投注更多心力來領導團隊。升遷順利的人通常會開始自問：「老闆／同仁／客戶想要什麼？我該怎麼幫助他們？」

向高信賴度組織取經

有關沉穩可靠特質的最後一點觀察，來自看似風馬牛不相及的地方：核子反應爐、航空母艦、鑽油平台等高風險的工作場所，在這些地方，沉穩可靠不僅僅是爲了達成季度目標，而是攸關人命。在這類組織中，企業文化和作業程序的每個面向，都必須謹慎調整，才能盡可能減少故障、確保安全，避免災難發生。他們面對挑戰時，就如同我們在美國海軍「捍衛戰士」（Top Gun）戰鬥機飛行學校的看板上看見的標語所述：「面對龐大的壓力，與其正面迎擊，不如穩扎穩打，訴諸平時訓練所奠定的基礎。」

組織心理學家稱此爲「高信賴度組織」（high-reliability organization）⑧。我們整理了這類組織的作業實務，再從資料庫中歸納可靠領導者的行事習慣，兩相比較後，發現幾點共同之處，可協助我們在複雜高壓的運作體系中自處——基本上，等於可以適用於所有現代企業。

當然，要仿效這些實務作法，勢必先根據你所處的企業及產業、設定的目標、實際情況等條件多加調整。舉例來說，我們就曾經見過某企業營運急轉直下之際，

CEO權責之廣，已達到必須親自簽核每張支票的地步，因爲在當時，成功管理現金流意謂著「生死存活」的重大意義。然而，同樣的措施對於成長中的創新企業來說，卻有微管理（micromanagement）的風險，可能傷害企業體質。

1. 正視錯誤

在前文中，我們曾經談過從錯誤中學習的重要性，並建議以此鍛鍊你的決斷力。在高風險環境中，領導者通常都會認同，細微的「疏失」是防止日後爆發大災難的寶貴契機。他們會把握機會，盡力讓作業程序更完備。當然，企業必須鼓勵員工發掘這類小疏失，結果才能如此理想。員工之間分享的錯誤經驗愈多，情況改善的速度愈快。領導者必須打造一個員工願意正視錯誤的環境，而不是犯了錯只想粉飾太平。

美國國內每年大約有四十四萬名住院病患死於可以避免的醫療疏失，相當於每天就有一千人因此失去寶貴生命[9]！費城兒童醫院的CEO瑪德琳．貝爾，聘請顧問公司健康能力改善（Health Performance Improvement）協助培訓醫院職員，該公司是由前核電廠主任和海軍飛行員所合力創辦。顧問訪談醫院職員後，立刻從他們口中發現一項問題：醫院管理階層「以懲處方式處置員工所犯的錯」。

在以懲處爲管理手段的企業文化中，員工理當不會樂意向管理人員坦承過錯。領導者有必要重視管理上需仰賴員工自主的現實，才能洗刷犯錯固有的污名。費城兒童醫院採取的解決方案是推行一項「拆彈」計畫，以慶祝取代責備，寬待「差點出錯」的情況，例如，病患差點拿到開錯的藥。此外，費城兒童醫院也大幅調整所使用的言語，如今他們不說「差點出錯」，而是改口「拆彈成功」。CEO貝爾每個月當面嘉勉那些阻止錯誤發生的人員，有時親自到他們工作的病房表揚；醫院也設立了「年度拆彈獎」。這些政策上路三年之後，嚴重疏失減少了八〇%。

2. 人人平等

這類領導者會營造一種所有人（包括員工、管理者、領導者）一律平等的環境，每個人都擁有相同資格及責任，必須主動發現問題並尋找解決辦法。他們鼓勵所有員工盡量提出問題，不要因爲階級不同而有所顧忌。

舉例來說，醫院手術室中人命關天，但普遍存在明顯的階級之分，外科醫師最大，護士的地位相對低下許多。知名醫師、暢銷作家及健康政策專家阿圖·葛文德

（Atul Gawande）試圖尋找拯救生命及減少苦痛最有效的方法。同事艾倫．佛斯特（Alan Foster）曾擔任葛文德的領導顧問超過七年之久。葛文德發現，破除階級之間的藩籬，能有效減少病患在手術台上死亡的人數，可謂至關重要。他的同事在訓練開刀團隊時，曾要求成員僅用名字向彼此自我介紹。以這種方法拉近彼此的距離看似膚淺，但團隊成員發現，這麼做能夠立即搭起溝通的橋梁，等於向每個人宣布：「每個想法都是獨一無二，值得重視。適時將心聲表達出來，人人有責。」如此一來，護士和技師等於獲得授權，一旦他們懷疑醫師搞錯真正需要動刀的患部（例如將右腳記成左腳），就能有勇氣馬上反映。

同樣的道理，好的CEO會希望所有員工都能適時發聲，而且他們也會適度貼近基層，以確保聽見他們的心聲。CEO們時常告訴我們，真正具突破性的想法其實都不是來自高階管理團隊，反而是來自收銀員、客服人員、司機或作業員。如同亞梅利奧所說：「一定要走出象牙塔，實際看看工作現場，一切會與你原本的認知不一樣。那裡的員工通常會跟你說實話。」只要收到公司內部任何職員的電子郵件，亞梅利奧一般都會在二十四小時內回覆。

3. 創造精準的共同語言

沉穩可靠的領導者都會認同，工作要能成功執行，順暢無礙的溝通是必要條件。他們會投入心力創造精準的共同語言，以加速組織內部形成一致認知，並降低出錯的機率。

我們之前在ghSMART的夥伴大衛・沃克斯（David Works）對此略有研究。他曾是摩托羅拉（Motorola）半導體製造廠的工程師，離開ghSMART後，前後擔任過連鎖百貨西爾斯（Sears）和網路通訊公司風向（Windstream）的人力資源長。早年他在海軍的核潛艦上服役，當時的工作環境只要一發生問題，很容易導致人員傷亡，因此精準詞彙的觀念早就深植在他的日常之中。潛艦上的全體人員都知道，「巡查團隊支援」（Watch Team Backup）是指所有人都有責任實行兩次甚至三次檢查，確認一切均確實遵守關鍵任務程序。沃克斯回憶道：「每次舵手要修正航程圖時，一定會有甲板人員同時複查。沒有例外。這算是核潛艦的強制規定。我記得有個朋友依規定複檢時，意外發現航程圖標示上有重大錯誤。當時，潛艦面臨了要在未授權水域下潛的危險，很可能衍生碰撞意外，而且一旦發生碰撞，潛艦一定會報銷。幸好實施『巡查團隊支援』制度，才得以阻止悲劇發生。」

沃克斯吸收了這個概念，應用到他日後擔任人力資源長以及風向公司事業單位總裁的經歷中。他發現，公司有必要投注更多心力將營運提升到最佳狀態，並改善跨部門合作。對此，他的解決方針就是發展一套共同語言，讓所有人能理解個人的責任所在。「主動承擔！」（Own It!）概念就是很好的例子。沃克斯親自率領一支團隊，在其中實際定義及落實「主動承擔！」，極力尋找營運的致勝之道，避免成員落入互踢皮球的處境。這種明確的共通語言，有助於強化企業文化的執行動機，實際上也使新服務的顧客滿意度（淨推薦分數，Net Promoter Score）顯著提升了約二〇％。

那麼，共同語言要怎樣才算充分定形，能有效促進組織的可靠程度呢？若在組織內詢問五十人關於某個詞彙的定義，每個人的解釋及行爲都一致，就算成功。文化會經由各種管道展現眞正重要的價值，而語言只是其中一種⑩。

4. 建立例行機制

不論是哪種職級，値得依靠的領導者都不會獨善其身，只求自己能穩健前進。他們會研擬可靠的工作程序，將穩定的特質灌注到整個組織中。

雖然卓越的工作成果總是備受讚許、享有許多掌聲，但有時是因爲背後付出了難以想像的天大努力（或剛好搭上市場潮流），而沒辦法長期維持。缺乏效率及設計不當的工作程序，會產生模糊不清、疑惑難懂等問題，最後以錯誤和失敗收場。要長久享有穩定成果，需先建立周全的管理系統，再輔以相關程序、指標和可預測的進程，藉此鞏固紀律。我們評估過、值得期待的出色CEO人選中，七十五%在組織和規畫能力方面都獲得了高分[11]。

美國零售公司西爾斯家鄉暢貨（Sears Hometown and Outlet Stores）的CEO威爾・鮑威爾（Will Powell）有一次爲部門聘請了不合適的領導者，從中領悟了這一點。「第一年交出的成績還不錯，但我感覺得到，（那位主管）無法在那樣的領導架構下維持下去。」他告訴我們，「他在鎂光燈下靠著個人魅力宣揚想法，但並未建立一個堅固的基礎來永續支撐。第二年就開始遭遇亂流，那時我不得不放手（讓他走）。」

其實，管理系統本身（包括清晰的執行步驟、期限和可衡量的結果）只要夠完善，一切就會不一樣，所有人將能夠穩定而持續地交出工作成果。我們的研究中，光就「協助他人保持穩定」這一點而言，CEO表現優異的機率幾乎是一般資深領導者的兩倍[12]。

評分卡：維持穩定性的簡單工具

不同層級的領導者時常使用一種方法來確保個人及團隊成員在工作上的穩定性，也就是填寫及分享我們所謂的評分卡。董事會、CEO、高階主管及其團隊都會使用評分卡，清楚揭示原本隱晦不明的目標，使個人及集體能夠保持穩定表現。這個方法可以確保所有人清楚明白自己需達成的目標。評分卡可用於聘雇流程，以表達對該職缺的明確期望，或者如要調整全體的努力方向及管理績效，也能隨時派上用場。

使用評分卡時，你可以在紙上寫下自己對每項職責的具體期望，過程中即可定義：

- **任務和願景**：任務是指對於工作短期目的的簡短宣示，相形之下，願景則看得更遠——在未來，人們談起你的公司時，會提到哪些成就與價值？
- **五大重點事項**：哪些因素會對現況帶來巨大影響，而你需要做哪些改變，才能在往後的日子體現這些重點項目？

- **三年後，你和公司要有哪些發展，才稱得上是令人驚豔的成功**？什麼成就可以實現你所設定的願景？你會如何量化及衡量那些成就？
- **最終要如何成功**？

如同許多ＣＥＯ一樣，居家注射解決方案領導廠商先進輸液方案（Advanced Infusion Solutions）的ＣＥＯ西蒙・卡斯泰拉諾斯（Simon Castellanos）也告訴我們，學習建立程序以保持穩定的工作產出，是他在擔任高階主管時就實踐的重要步驟，好讓自己做好成爲ＣＥＯ的準備。

卡斯泰拉諾斯其實就是我們所謂不像ＣＥＯ的那種人。他在一九八五年從厄瓜多移民到美國，而他到美國的第一件事，就是徒步四十五分鐘到哈林區的一棟廢棄建築物做木工維生，把省下來的公車錢九十美分存下來上英文課。學會基礎英語之後，他找到一份大夜班門房的工作，這樣他在白天還可以上課。接下來四年，他晚上工作，白天是紐約市立大學的全職學生，最後拿到了會計學士學位。他出社會的第一份工作，是在當地一家小公司擔任會計。工作表現穩定的特質讓他受到青睞，公司開始將較具挑戰性的新任務交辦給他。隨著任務愈來愈重，他的職位也愈升愈高、任職的公司規模愈換愈大。

終於在二〇一四年，也就是他幾乎身無分文地落腳美國的三十年後，出身卑微但小有成就的經歷爲他贏得了西方牙科（Western Dental）的CEO頭銜，這是美國西南部一家市值五億美元的公司，服務對象多半是醫療資源較不充足的病人，爲他們提供經濟實惠的牙齒保健服務。

卡斯泰拉諾斯在職業生涯早期曾於醫療服務公司費森尤斯醫藥公司（Fresenius Medical Care）擔任營運副總裁，很快就升上核心事業單位的總裁，負責管理芝加哥市值四．七億美元的血液透析服務部。當時，他接管的部門績效嚴重低落，所有與品質相關的指標表現每況愈下。員工流動率遠高於業界標準。「那時，公司彷彿就像一扇旋轉門，員工來來去去。」卡斯泰拉諾斯這麼告訴我們。就因爲離職率高，工作品質始終不見起色。他必須想辦法留住人才。

他做的第一件事，就是建立規律的例行回報系統，每週（甚至每天）聽取員工報告，不僅包括檢討前一期的財務數據，也檢視各項領先指標，例如病患滿意度及臨床職員的工作涉入程度，從中觀察情況是否偏離正軌。一開始，員工不願意配合，對卡斯泰拉諾斯毫無信任可言。「總裁前後換了三、四個，我們為什麼要把你當一回事?」這樣的態度就是員工當時的心聲寫照。

不過，卡斯泰拉諾斯堅持以對。他仍然推行定期開會及溝通的政策，每週固定和團隊共同檢討各地區的數據報告。一旦發現地區的營運或財務表現數據落後於產業標準，立即實施補救計畫。他親自監看所有指標及監督團隊，以「開會、檢討、改正、開會、檢討、改正」的步調穩定進展。他會尋求員工的意見，只要是好的想法就頒布實施。時間一久，原本讓人覺得繁瑣沉重的機械式程序，開始發揮功效。穩定的工作節奏變成**前進的動力**，使人可以全心投入，不管是對團隊還是卡斯泰拉諾斯來說，都是如此。

在卡斯泰拉諾斯領導兩年之後，該核心部門的工作品質從五個事業單位的最後一名躍升到第二名，並成爲全公司最賺錢的部門。員工流動率從令人絕望的三〇％下降到業界平均十九％。隨著團隊開始爲客戶和其他同仁交付穩定的工作成果，原本一路下滑的營收也因此止跌回升，在原先幾乎停滯不前的市場中創造出三％的年成長率。卡斯泰拉諾斯相信，由於團隊不斷進步，他採取的措施才能夠持續下去。他的團隊相當清楚每項工作的後續步驟，了解需要特別著重的地方，加上又有固定程序協助確保工作品質，於是，會有優異的財務表現也就毫不意外了。

★★★

如前所述，值得倚靠的領導者不僅會要求自己保持穩健步調，也會在組織中建立固定的例行程序。有些高階主管對此不以爲然，認爲在瞬息萬變的現代，程序和例行常規可能會侷限組織的應變和調整能力。但稍早提到的阿圖．葛文德醫師並不這麼認爲。他以實際經驗證明，幫助醫師和護士管理健康醫療領域所涉及的複雜事務與不可預測的狀況，最好的辦法就是建立盡量精簡的固定程序，其中檢查表就是很棒的工具。他在《檢查表：不犯錯的祕密武器》（*The Checklist Manifesto: How to Get Things Right*）一書中寫道：「人們一想到要遵守規則，就擔心會犧牲彈性或一味服從權威。他們想像中的檢查表是不動腦的機械式行為，只能拿著檢查表低頭打勾，從不抬起頭面對眼前的真實世界。但只要檢查表經過妥善設計，其實可以獲得截然不同的效果。檢查表可以先幫我們過濾雜事⑬。」換句話說，這能幫助我們擺脫「雜事」帶來的認知負擔，讓我們可以專心應對眞正重要的事務，尤其是日新月異的情勢變動需要領導者隨時保持敏銳、因應意外事件快速調整，並在所有惡劣條件下保持穩健步伐。下一章就要討論第四項，也是最後一個CEO的致勝行爲：**大膽調整**。

不妨自問下列問題，檢驗你的可靠程度：

- 這一週，我與客戶、同事、高階管理人員和部屬的互動，貫徹意志的程度有多高？
- 我在什麼時候表現失常？當時的情況算是例外嗎？我該怎麼應對類似狀況？
- 團隊中是否每個人都明瞭我對他們的期待？他們是否把成功視為己任？他們樂意承擔責任，勇於成為他人值得依靠的對象嗎？
- 老闆／同事／客戶試圖達到什麼目標？我能怎麼幫助他們？
- 利害關係人對我有哪些期望尚未明說？
- 他人期待我提供什麼成果？我寫下來了嗎？跟老闆、同儕和團隊分享及討論過了嗎？
- 上週準時開會的頻率有多高？

重點回顧

❶ 維持個人行事的穩定性。
❷ 培養主動扛起責任的思維。
❸ 就職幾週內，主動定調他人對你的期待，並隨著情況改變而持續調整。
❹ 建立商務管理系統，以此為基礎，穩定地創造成果。

Chapter 5

大膽調整——享受未知帶來的不安

每天早上起床後，大部分時間我都在設法了解接下來會發生什麼事。

——麥德琳．歐布萊爾（Madeleine Albright），美國前國務卿柯達（Kodak）、百視達（Blockbuster）、博德斯連鎖書店（Borders）。這些企業有哪些共通之處？它們都曾經叱吒一時，但最終無法順應時代趨勢而式微。根據耶魯大學李察．佛斯特（Richard Foster）的說法①，現今美國龍頭企業的平均壽命已經從上個世紀的六十五年縮短到只有二十三年。將英國科幻小說家威爾斯（H. G. Wells）的名言稍微改編一下：「設法調整，不然就等著毀滅，是如今勢不可擋的重要法則。」即可貼切呼應當前的趨勢。

在職場上，我們大部分的時間都在追求相對應的獎賞，並因爲比他人更了解某些事務而獲得賞識。然而，當知識不再能夠應付趨勢，再資深的主管都會面臨職涯走下坡的危機。無獨有偶，當領導者受命管理超出經驗範圍的人數，或是對眼前的挑戰束手無策，通常就是走下坡的開始。突然之間（或彷彿突然頓悟一般），他們發現自己處於從未涉足的新境地，現有的能力不足以應付當下局勢。想要攀上巔峰、有抱負的領導者，必須學習探索新領域，而這些未知很有可能就是資深領導者剩餘的職涯時光所必須正視的課題。

那麼，探索新領域是什麼意思？

我們請教了美國海豹特種部隊中曾親身經歷作戰行動和訓練的高階長官，這樣嚴格的條件應可篩選出眞正優秀的特種部隊領導者。訪問前，我們原本預期會聽到

「勇氣」、「堅韌」、「高度自信」等回答，但受訪的長官明確地給了答案：**謙卑**。

凡是達到海豹特種部隊般狀態的人，無不經過多年歷練和嚴苛訓練，已能證明自己值得做爲榜樣。這只是最基本的門檻。根據這位特種部隊長官的說法，眞正造就一名頂尖領導者的關鍵，其實是謙卑的個性促使他和團隊認清眼前的眞實狀況，對不可知的未來能夠做出回應。軍隊執勤的場所危機四伏、情勢不明，而且環境變動快速。謙卑的領導者明白自己並未精通一切，比起所擁有的「知識」，學習和調整的速度更爲重要。願意並有能力向不同服務項目、單位、位階及資歷的人學習討教，才是眞正傑出的領導者。

就像成爲CEO的這段旅程一樣，尤其有抱負的高階主管在某個瞬間突然意識到「工作就是每天不斷地調整和靈活應變」，這番體悟其實難以言喻。

寵物藥品公司帕特尼創辦人珍．霍夫曼將CEO的生活比喻爲每天在傘兵坑中領導人群；巴基斯坦軟體公司TPL Trakker的CEO艾里．傑米爾（Ali Jameel）告訴我們，他在企業界及擔任CEO的十五年間，從來沒有一項計畫可以從頭到尾毫無改變。我們認爲，大多數已知的問題應該由CEO底下的人員負責處理，讓CEO可以專心探索未知。

不管你的專業多廣泛、多專精，是從組織外部延攬的人才還是內部升遷，

CEO的工作要將組織所面對的無止盡不確定因素，轉化成機會及成長動力。研究中，我們訪談的大多數領導者都曾提到，他們必須因應無預警的挑戰或危機，適時調整②。真正卓越的領導者要能在宛如家常便飯的不安中茁壯成長，持續調整自我和組織，這樣的CEO才能在殘酷的現實進逼之前規畫出新路線，而不是等到無路可退時才狗急跳牆。

換句話說，這類領導者無不受惠於**大膽調整**的原則。**我們的研究指出，比起坐以待斃的CEO，大膽調整者成功的機率約為七倍**③。根據我們分析資料的結果，如果說**沉穩可靠**的特質是成就優異表現最有力的關鍵，那麼**調適力**的重要程度正在急起直追。我們與董事會和投資人共同探討四大CEO致勝行爲後，發現調整力最受重視，要在攀上巔峰後眞正成功，這項能力的重要性與日俱增，但可惜的是，通常沒有教戰守則可以依循。

一旦CEO熟悉調整自我及組織，以因應瞬息萬變的情勢，通常也就學會樂於擁抱不安、衝突和改變。他們的態度大抵是，**如果我仍感到不安，或許是因為我學習或改變的速度不夠快**。在領導組織時與不安和平共處，其實是一種需努力的目標。CEO的職責就是探索面臨的壓力和改變。本章將著重說明兩大解決之道，亦即**揮別過去**和**培養對未來的敏銳度**，協助你在未知的水域安然航向璀璨的明天。

揮別過去

湯森路透公司（Thomson Reuters）的CEO吉姆．史密斯（Jim Smith）就是與眾不同的少數特例，他似乎非常享受不確定所帶來的不安。在肯塔基州農場長大的他毫無特殊家世背景，對此他相當引以為傲。他畢業於西維吉尼亞州的馬歇爾大學，並非就讀常春藤名校，也不是一畢業就想盡辦法擠入奇異、寶僑（P&G）或谷歌等聲名顯赫的大企業。他的第一份工作是當記者，後來他更成為當時東家的CEO。（新聞圈通常不盛行CEO這一套，但讀完本章之後，或許你就會認為新聞界也應該比照辦理。）就算放到我們形形色色的CEO資料庫中，史密斯的好脾氣、寬大胸襟及直率作風，依然相當少見。

史密斯一當上CEO，就已經做好面對無止盡變化的心理準備，我們認識的其他所有CEO大概都難出其右。

「唯有一手建立的文化、組織和團隊，可以在我離職後持續演化及轉變，與時俱進，這才算是真正符合成功的定義，我很早就領悟到這一點。」史密斯這麼告訴我們。「計畫趕不上變化，我對組織的規畫同樣快不過外面瞬息萬變的市場。」

如果深入觀察他早年的職場表現，不難發現他其實一直在磨練自己對於不安的容忍度，後來才能處之泰然。若一開始就經歷過苦日子，自然不會有不勞而獲的妄想。我們對他早期的某段故事尤其印象深刻，他日後的成就大概就是在那時奠定了穩固的基礎。

湯森公司是史密斯的第一份出版工作，好幾年以後，這家公司併購了路透社，成爲全球規模最大的財經新聞來源。有一陣子，他隸屬的事業部眼看著達不到廣告收益的當月目標，這是他們第一次面臨這種窘境。史密斯及其團隊試遍了所有想得到的方法，盡力賣出更多廣告。他們向新聞界以外的產業取經，因而破天荒地策畫類似百貨公司買一送一的「特賣」行銷方案。

但如此別出心裁的方法還是不見成效。

「我們還是沒有達標！」史密斯一派輕鬆地笑著說。

史密斯不放棄。下個月，他抱著更大的決心，誓言要和執行團隊一起找到有效的辦法。他不但不害怕挫敗或因爲前一個月的挫折而感到羞愧，眼前的挑戰反而更激勵他不斷嘗試。他們不斷打電話、經營客戶關係、丟出新想法互相討論，不久，業績又重新回到應有的水準。「說白了，特賣的方法從未奏效。」史密斯繼續說：「但其他辦法成功了。我們每天持續不斷地嘗試，這才是真正重要的啟示。」

史密斯從這次經驗中學到：**不是每次都能勝券在握，大多數時間甚至更有可能吞下敗戰**。「很多事情不在你的掌握之中，那你該如何逆轉局面？你從中學到了什麼嗎？你有持續精進嗎？你的實力有變得更強嗎？」

甚至只是平時週間，我們認識的CEO也常對某事感到不安而上門求援。我們接觸過的每位CEO，都曾帶著幾乎就要釀成災難的案例過來，就像史密斯，但他現在堪稱全球媒體巨擘。**這些領導者都學會與變動的不確定感共處，將恐懼化為勇氣和好奇心**。

最近，艾琳娜在輔佐一位新手CEO處理相當棘手的難題。那位CEO說，「我必須提醒自己，以前也曾如此慌亂不安，但最後還是熬過來了。有了這樣的心理建設，我就可以放心，知道現在會感覺不安是因為還不適應。」我們與許多成功的領導者合作過，他們都已經學會如何加強調適力，擁抱未知所伴隨而來的焦躁與不安。所以他們有什麼獨門祕訣？他們怎麼發展調適力與韌性的相關思維？

1. 他們主動嘗試新事物

如果你還無法在日常工作中大肆展現成熟的調適力，有幾個比較保險（甚至有趣）的方法可以練習。在平常的生活中開發新習慣、技能和經驗，或許是培養調適力的安全作法。例如，資訊科技公司ViaWest的CEO南西・菲莉普（Nancy Phillips）告訴我們，擔任CEO的最佳訓練時常是在她穿上套裝之後才開始。她有三年的時間在全球各地生活，包括有一個月住在中國，那段時間她沒看過任何西方臉孔。「我每天都必須想辦法存活下來。」她這麼說。焦躁不安的情緒如影隨形，而面對每一次新的經驗時，勢必得做出更好的回應。像她一樣跑遍全球，需要龐大的開銷和時間，可能不適合每個人。不過，學習彈奏樂器、新的語言，甚至只是培養新興趣，都是進行這場調適遊戲很棒的開端，簡單又沒有風險。這無法讓你在一夕之間變成大刀闊斧的企業領導者，但能幫助你成長。

2. 衡量工作時，他們對學習機會和薪資等級一樣重視

在我們訪問過的CEO中，尤其是那些比一般人更快攀上職涯巔峰的CEO（留待第六章詳述），不少人曾不按牌理出牌，冒險地轉換跑道。菸草公司美國雷諾茲（Reynolds American）的退休CEO蘇珊・卡麥蓉（Susan Cameron）就是眾多案例的其中一例，她告訴我們，擔任「次要」角色（從全球品牌總監變成行銷副

總）是眞正將她送進CEO辦公室的重要決定。在不熟悉的新職位上拓展經驗，甚至需要在危機中扛起領導的重責大任，是我們從成功CEO身上所觀察到的兩大特徵。卡麥蓉指導自己的員工時，最重視的一項能力就是擁抱各種經驗，亦即接受新挑戰並不斷尋求他人的意見而持續進步。

3. 他們學習尚未擁有的技能

軟體即服務（SaaS）類型公司更高邏輯（Higher Logic）的CEO與共同創辦人羅伯．威格（Rob Wenger）表示，寫軟體是他最喜歡做的事。但是當了兩年的CEO之後，他發覺自己必須多多接觸客戶。「在成長的過程中，我始終沒辦法站在一群人面前講話。我試著改變，方法很簡單，就是持續去做這件令我害怕的事。甚至連我自己都驚訝地發現，這項練習改變了我。十年前，我不敢參加晚宴派對，但現在我可以跟遇見的每個人聊天。所以，我現在會挑一個想擁有的能力，然後毫不猶豫去做。」另外，威格也強迫自己練習克服恐懼：找出自己害怕的活動，刻意與喜歡該活動的朋友相處。「我最好的朋友瑞可（Rico），個性非常外向，他會強迫我去參加社交場合，每次我都會給自己一項任務，像是準備現場要播放的音樂。」威格繼續鍛鍊「交際」能力，讓自己最終能夠輕易且自然地與他人打成一片。在他的帶領下，公司在五年內平均年成長率達四十四%，順利獲得私募公司的鉅額投資。懂得自我調整的領導者會努力發展所缺乏的能力，不管一開始感覺多麼彆扭或不安，他們都會硬著頭皮不斷練習。

4. 他們願意捨棄以前有效的方法

大多數人以為，面對不確定的情勢時，最大的挑戰是如何擬定正確策略。**但其實，未適時調整而導致失敗的案例，追根究柢大多是因為領導者無法放棄過去為他帶來成功的思維**。柯達的工程師發明了全世界第一部數位相機，但公司高層將研發成果打入冷宮，束之高閣長達十八年。百視達則曾有三次機會可買下網飛公司（Netflix）。

一九八三年，英特爾公司面臨了「不轉型就倒閉」的艱難困境。他們一手催生了記憶體晶片的龐大市場，這全是他們的功勞，但在一九八四年到一九八五年間，公司獲利從一．九八億美元驟減到只剩兩百萬美元④。當時，日本的公司已將晶片成功商品化，把英特爾公司遠遠甩到後頭。反觀英特爾公司的營運還是全部仰賴記憶體。這不僅是財務危機，更是攸關企業命脈的危急存亡之秋。

英特爾公司的創辦人與當時的總裁安迪·葛洛夫（Andy Grove）在《10倍速時代》（*Only the Paranoid Survive: How to Exploit the Crisis Points That Challenge Every Company*）一書中娓娓道來這段艱難的歷程⑤。經過幾週茶不思飯不想的煎熬後，他無意間從窗戶眺望遠方的摩天輪。就在那個瞬間，他跳脫所有旁枝末節，暫時擺脫面對危機的恐慌，甚至超脫自我。在那樣的思維高度，他才感覺思緒清晰，於是開口問當時的CEO高登·摩爾（Gordon Moore）一個永久改變了英特爾公司命運的問題：「如果我們被踢出公司，董事會找了新的CEO進來，他會怎麼做？」摩爾毫不遲疑地回答：「新任CEO會帶領英特爾公司退出記憶體晶片市場。」葛洛夫靜靜地看著他。「那為什麼我們不先離開，再回來自己搞定這一切？」他回答。後來，他們眞的說到做到。他們關閉英特爾公司的記憶體晶片事業群，開拓微處理器的新藍海，這讓英特爾公司的市值從四十億美元暴漲到一千九百七十億。

據我們所知，像葛洛夫這種極爲成功的CEO很懂得斷捨離的道理，不管是放棄公司既有的策略、商業模型或個人嗜好。

克雷格·巴恩斯（Craig Barnes）自二〇一二年起開始擔任普林斯頓神學院（Princeton Theological Seminary）院長，他到普林斯頓神學院任教之前，當了好幾年牧師。當牧師時，他認爲自己的天職就是在人們需要他的時刻到場陪伴。成爲神學院院長後，他一開始也是採取一對一的領導作風，他喜歡這種以往與教友相處的模式。出於這種樂於陪伴及幫助他人的熱忱，他的辦公室總是敞開大門，隨時迎接需要求助的人。

但他很快就意識到，要是繼續將所有時間花在一對一輔導，他永遠無法完成身爲院長的使命，亦即重整神學院，以服務日漸全球化、多樣化及數位化的世界。一直以來，與人親近的個人互動是他常居久安的舒適圈，也是他身爲牧師的熱忱和天職所在。但當上院長之後，這樣的領導模式讓巴恩斯沒有時間思考及設定神學院迫切需要的未來願景。最後，他終於在助理的協助下，在行事曆上劃掉原本開放預約的時段，好讓他有充分的時間擬定策略及完成行政工作，而他也堅持這項改變。

很多人的職業生涯是從實際執行工作的職位開始，他們對於自身擁有的技能充滿熱忱，但一旦轉換到管理職，就必須捨棄過往成功的作事方式。雖然這聽起來沒有什麼大不了，但其實很難辦到。改變習慣本來就難，要是需要改變的又是我們所熱愛的習慣，而且是工作動力及熱忱所在，可說是難上加難。我們見過太多領導者急著帶領組織轉型，但同時又強烈抗拒改變，像是不願放棄早就習慣開的會，或是稍微調整時間與精力的分配方式。巴恩斯願意捨棄及改變習慣，最終爲他和神學院帶來多項好處。在他的帶領下，神學院的發展蒸蒸日上：學生人數成長三〇%，院內氣氛大幅改善，多項新的學術計畫也成功上路。

優秀的領導者（不管職稱爲何）總是不斷自我蛻變——變得更好、變得跟以前不一樣、變得更有見識。藉由這種持續學習的過程，他們愈來愈能與不安和平共處。

領導禁忌：大頭症

山姆（化名）有幸名列零售製造商的新任CEO候選名單，他曾接受我們的領導力三六〇度檢驗。金問他：「你會跟直屬員工分享工作成果嗎？」他回答：「不會，這樣我會顯得很沒架勢，或一切並非由我主導。」我們並不認同這種想法。我們認為，如果你不願意放低身段，坦然面對自己必須持續學習，甚至必須放棄某些東西的事實，表示你還沒做好當CEO的準備。能夠開誠布公地面對學習目標，代表你願意學習、成長，並樂意鼓勵團隊與你攜手共進。

培養對未來的敏銳度

許多員工和經理人花費大半時間努力達成短期目標，實際表現通常也不太差。但在成為CEO以後，這樣的目標已經不夠。要讓組織繼續維持在正軌上，CEO必須放眼未來。

當上CEO後，放眼明年之後、思考發展方向的時間多了一倍⑥。劍橋大學教授蘇佩塔．娜卡妮曾主持一項探討短暫加強調適力的研究⑦。七年間，該研究檢視了兩百二十一家公司，橫跨十九個產業。結果顯示，在變動快速的產業中，如果公司的CEO將大半心力放在思考未來（而非過去或當下），公司推出新產品的速度通常更快，而這種現象就像實驗所用的石蕊試紙，能證明CEO擁有協助公司適時調整的能力。

要從有意義的角度洞悉未來，不是只有照本宣科，按照三年期的策略規畫去做就好。電腦軟體公司財捷的CEO布拉德．史密斯提到，他是透過練習才得以將看事情的眼光放得更遠。練習中，史密斯和其他領導者必須回顧上一任所做的某項決定，接著說明他們希望當時的自己怎麼調整，才能讓公司可以在現今擁有更大的競爭優勢。「所有人無不卯足全力發揮決策長才，很快就列舉了一堆『當初應該』如何的後見之明。老天，像這樣回頭去看以前的決策，實在受益良多！」史密斯一邊回想一邊說道[8]。不過，練習的後半部才是精髓所在。接下來，他們要將時間往前快轉十年，思考下一任領導者可能會希望他們在哪些事情採取不一樣的作法。「這改變了我的觀點，我突然領悟到，這個時代的CEO所面對的情況已經不同。除了追求業務成果的短期目標，甚至預先做好三到五年的規畫之外，還要思考當下所做的每件事隱含了哪些長遠的意義。」史密斯說道。

大部分的CEO都知道，他們需要妥善分配心力，同時兼顧短期和長期發展。我們所訪問的CEO通常會把更多時間（超過四〇%，相當於一週有兩天時間）花在思考長期趨勢。相對地，其他高階主管則平均一週會有一天（大約二〇%的時間）在爲長期發展做打算[9]。

只要CEO能將眼光準確地轉向未來，對於情勢變動通常就會有一定的敏銳度。所謂的「敏銳度」，其實就是他們爲了洞悉未來而投入時間和資源。的確，有些CEO似乎天生就擅長捕捉未來趨勢。至於剩下的大多數領導者，則多半需要後天學習及努力。我們特地從調適力極佳的CEO身上，歸納出幾個曾經幫助他們成功的祕訣，供你參考。

1. 建立多元的資訊網

若要洞悉未來，只有你自己收集的市場資料還不夠。擅長察覺危險跡象及把握機會的人，會借鏡他山之石，參考企業本身甚至產業以外的資訊，觀察趨勢轉移的線索。他們積極好奇，認爲一切都與自家的企業有著些許關聯。最優秀的CEO會主動探索廣泛且看似無關的資訊來源，接著統整收集到的所有資訊，發揮創意找出其中的連結，進而在競爭中脫穎而出。蘇佩塔．娜卡妮發現，對各種經驗抱持高度開放態度的CEO，較能有效推動策略變革。他們深入更廣泛的人脈網絡及資訊來源以掌握趨勢，因而可以提早察覺變動的預警跡象，並實施因應策略，從變動中創造優勢。

珍．霍夫曼將一手創立的寵物藥品公司以兩億美元的高價出售，她告訴我們，她能預測三十年內寵物用藥的走向，是因爲她觀察了人類醫藥的趨勢，而非仰賴寵物專家目前所說或所寫的資料來判斷。她親自觀察資料趨勢，從中了解寵物主人的需求，接著再思考寵物產業能如何改變，因此才能洞燭先機，引領市場。揚雅廣告公司（Young & Rubicam）及考辛斯房地產公司（Cousins Properties）的前董事長暨CEO湯姆．貝爾（Tom Bell）這麼告訴我們：「現在這個年頭，等你聽到『大家都知道』的資訊，後續傳出的消息大概都不太能信，或至少值得商榷。實際的發展早就不僅於此。」

這些CEO主動調整的一種方式，就是擴大競爭對手的範圍，不將思維侷限於所屬產業的市場。迪士尼不把其他兒童樂園視爲競爭對象，因爲凡是渴望獲得家長和小孩注意及喜愛的事物，都是迪士尼的競爭對手。美國海軍特種作戰中心（即海豹特種部隊訓練中心）所訓練的作戰人員，可說是最具調適力的人才，但還是將「向外取經」列爲作戰行動準則。他們的所有行動，都會向不同領域尋求最頂尖的專家。裡面的一名官員說：「有時候，光是和做著類似事情的人聊天，即使他們所在的領域南轅北轍，還是可以帶來一些啟發。他們提出的問題時常可以一舉消除你的盲點，而你的反應大概會是『哇，我根本沒想過可以這麼做！』」

若要建立多元人脈，應該盡量與公司和領域以外的傑出人士交流。打造專屬的「人脈寶庫」，在耳濡目染下主動探索從未想過的全新想法，能有助於從新的角度看待事物。與他們談談你所面臨的挑戰，參考他們的看法，你會意外發現自己受益匪淺，這眞的不難。善於調適的領導者深知其中的重要性，所以每天都在實踐這件事。相較之下，一般人總是一再拖延，留到最後才做。

2. 善用提問的力量

頂尖的CEO不會驕傲自恃，認爲自己知道所有問題的答案。相反地，他們通常很擅長提出最恰當的問題。湯姆．貝爾擔任專營房地產投資信託的考辛斯房地產公司的CEO暨董事長時，就曾經問了一個後來價值超過十億美元的問題。

考辛斯房地產公司持有大量精華地段的辦公大樓，包括亞特蘭大美國銀行大樓。但在二○○四年初，房地產持續蓬勃發展之際，貝爾的直屬員工告訴他，有個重要的承租戶希望調降租金。他們著手了解情況，發現考辛斯房地產公司許多物件的市場行情中，實質租金都呈現下滑趨勢，於是貝爾提出一個問題：「其他公司的精華地段辦公大樓租金表現如何？」就是這個問題促使他們進一步分析資料。結果發現，不只考辛斯房地產公司的物件行情下滑，幾乎全國各地都有一樣的趨勢。貝爾仔細思考其中的意義，最後說出一個令人跌破眼鏡的提議：「我們賣掉資產吧。」

整個團隊簡直嚇呆了，但貝爾要他們照他的話做，最後在市場高點脫手了辦公大樓資產，十億多美元入袋。考辛斯房地產公司的股東獲得豐厚的股利，這在當時房地產投資信託的公開市場上，是前所未見的創舉。貝爾說：「我記得那時還接到同業CEO的電話，他們紛紛問我是不是瘋了。我的確懷疑過自己可能做了錯誤的決定。」接下來，美國房地產泡沫破滅。美國經濟進入衰退期，空屋率急遽上升，房地產市值和租金行情慘跌。隨著二〇一二年房地產市場崩盤，貝爾在二〇〇六年以四．三六億美元出售的美國銀行大廈，面臨了喪失抵押品贖回權的命運。該大樓最後在二〇一六年以一．八億美元左右的價格售出。

現在看來，貝爾的決定似乎理所當然，但當時並非如此。他是怎麼違反常理做出決定的呢？他從拋出問題開始。每次聽到什麼消息而不禁懷疑自己的假設時，他會停下腳步來思考，然後試圖建構眞相，最後採取因應對策。

貝爾很早就學會如何問出合適的問題。早年，他曾受公司賞識而高升，接手從未嘗試過的職位。職場上的良師益友把他叫進辦公室，告誡他接下來可能會參與許多聽不太懂的對話。「你必須聽懂他們話中的重點，記得我接下來提醒的細節。」他說。「第一，專心。先等他們講出真正在意的事，這時你才插話問說：『等等，可不可以告訴我這個為什麼重要？』這樣可以強迫他們放慢節奏，說明他們預設的立場、真實的情況及背後的邏輯。第二，注意直述句。如果對方用彷彿在陳述事實的語氣講述論點，像是『所有人都知道……』或『大家都贊成……』，這時你要打岔問說：『不好意思，你有資料可以佐證嗎？』」

好奇心是懂得適時調整的重要特徵，表現方式可以是非常簡單的問題，像是

「那是什麼？」「怎麼做？」或「多說一點！」麻省理工學院的哈爾・格雷格森（Hal Gregersen）教授是全球以研究創新聞名的專家，他建議每位領導者每天空出四分鐘（一年就會有二十四小時的時間）試著提出更好的問題⑩。之前提到湯森路透公司的案例時，我們曾說新聞工作對升上高階主管職位很有幫助。爲什麼？想一想，要問出有見地的問題，並利用問題獲取更深入的資訊，還有誰比記者更厲害？吉姆・史密斯告訴我們，好奇心（包括天生對於世界萬物的好奇心，以及在專業領域中培養出來的好奇心）是讓他得以成功勝任CEO工作的重要因素。情況變得棘手難解時，堅忍不拔的人會打開自己的「採訪筆記」。他們會提出問題，從中學習。

3. 預先設想，才不必亡羊補牢

如今能取得的資料無窮無盡、要考慮的因素這麼多，有志入主邊間獨立辦公室的人該怎麼過濾雜訊，去蕪存菁？基內・韋德（Gene Wade）是行動教育科技與服務公司OneUni的共同創辦人暨CEO，他的公司試圖利用應用程式，讓全世界的學生透過手機學習大學課程。論及在瞬息萬變的環境中應該適時調整的道理，他一點也不陌生。「我的前東家平台學習公司（Platform Learning）一開始相當順利，成長飛快，但其實基礎並不穩固。」他說，法規變動的速度太快，他們很多時候根本沒有意識到情況其實已經在改變。

回想這段經歷，韋德領悟到當時並非毫無警訊才導致他們最後落得手足無措。真正的問題在於，他忘了保持敏銳度。「我一心忙著擴大事業，忽略了相關法規的發展。」如今，他會主動帶領團隊進行「先見之明」練習，磨練從雜訊中過濾出有用訊號的敏銳度。他會和團隊一起練習：「要是十八個月後我們失敗了，可能的原因有哪些？想像我們現在大紅大紫，那會是怎麼辦到的？」建立失敗情境之後（對韋德來說，商場上沒有必然，只有可能的情境），他們會針對每個問題列出警訊清單：需要正視哪些資料、消息或趨勢，才不會發生該問題？現在可以採取哪些措施，提高情境成真的成功機率？

小心認知超載

經濟學家赫伯特．賽門（Herbert Simon）認為，人腦的「認知限制」是一道難以跨越的門檻。他有一句名言：「資訊量多反而會使注意力貧乏[11]。」

現在看來堪稱神準預言。我們發現，一流經理人和真正頂尖的領導者能否隨環境變動而有效調整策略，關鍵在於是否具備防止自己認知超載的能力。唐·齊爾（Dawn Zier）非常擅長找到其中的平衡點。二〇一二年底，齊爾開始擔任營養系統公司（Nutrisystem）的CEO，上任後，她大力推行一項極具野心的成長計畫，希望能帶領公司改頭換面。在她的領導下，營養系統公司的整體狀況起死回生，簡直煥然一新。

齊爾是經過麻省理工學院嚴格訓練的工程師，而且天生就相當擅長分析。進入電子商務型態的營養系統公司時，她很驚訝地發現，許多決策並未以事實為根據，尤其在資料豐富的情況下，這個現象更是令人匪夷所思。「早期團隊開會時，資料根本多到氾濫。每個人帶來一頁又一頁的大量資料，但從未過濾出真正有用的內容。他們無法看清眼前的實況，也無法整理出精闢見解來幫助決策。等到團隊運作成熟後，我們開始發展『資料儀表板』，藉此將焦點鎖定在重要資料上。從那時開始，團隊的工作效率突飛猛進，資料也從原本多到難以消化，變得能發揮應有的強大效用。」將資料結合清楚的事務脈絡，再透過核心問題加以梳理，資訊真正的內涵便開始浮現，為營養系統公司指明未來的發展方向。

4. 從客戶的經驗中洞察真相

我們的研究發現，即使每天的行程滿檔，成功的CEO還是會撥出二〇%的時間面對客戶⑫。就算他們當上CEO，也從不減少與客戶接觸的時間。他們深知，沒有什麼事情比親自了解市場的第一手消息更重要。客戶無法隨時明瞭自己的需求，況且也不知道如何表達。因此，懂得捕捉市場脈動的CEO會特別重視客戶的實際體驗，再以此為基礎尋找解決方案。

二〇〇五年，我們合作的CEO馬庫斯（Marcus）接掌某個家族企業，該公司是歐洲數一數二的營建材料供應商。馬庫斯的幾個重要發現，都是從客戶的工地現場觀察所得。置身作業現場時，問題及解決契機通常會同時浮現。「地上到處都有釘子。工地裡高用量建材的耗用速度比預期中快很多，像是低單價的釘子，就很難精準預設需要的時機和數量，而且這類產品的供應商之間削價競爭激烈。在工地時，我發現核心問題並非這些耗材的價格。最重要的問題，在於如何預估合適建材的正確數量，讓工人需要時隨手可得，以免影響他們的工作效率。」馬庫斯發現，對建商而言，營建工人的閒置成本遠大於一盒釘子的價格。

馬庫斯的解決辦法是調整作業模式，在客戶的工地現場直接設置耗材補給站，方便工人即時取得需要的建材。這樣一來，不僅現場作業與後勤補給無縫接軌，當競爭對手還執著於成本時，馬庫斯早就爲公司創造更高的利潤。就是因爲馬庫斯親臨客戶工地，了解實際作業的第一手資訊，才能發現這個提升獲利的重要契機。

不妨自問下列問題，檢驗你的調適力：

- 現在我會不會覺得焦躁不安？原因是什麼？我採取了哪些方法改善？
- 最近一次捨棄過去促使自己或事業成功的作法（包括產品、程序、實務應用等方面）是什麼時候？
- 這麼做單純是因為個人偏好及習慣，還是目前的情況需要？
- 我是不是秉持開放的胸懷面對各種不同觀點？

重點回顧

❶ **鍛鍊調適力**：培養新技能或嗜好；刻意接觸讓你不甚自在的經驗或場合；自願接下全新領域的工作或任務。

❷ **拋開過去**：每年「大掃除」。問問自己和團隊，哪些習慣、作法和假設，讓人覺得綁手綁腳，或日後可能成為絆腳石。挑選你覺得最容易擺脫或價值最高的一項，大膽捨棄。

❸ **培養對未來的敏感度**：

- **累積「人脈寶庫」**：不同領域的人脈能帶領你接觸意料之外的構想和資訊，協助你從全新的角度看待事情。
- **一個月安排至少兩次「先見之明」練習**：在行事曆上排開所有事務，思考大環境現況和未來發展。挑選適當的地點、時間和環境，協助自己平心靜氣地深入剖析。
- **徹底理解客戶經驗**：定期抽空接觸客戶，從他們的立場思考。
- 保持好奇心，善用提問的力量。

階段整合

第一部所討論的CEO四大致勝行爲中，每種行爲看似是獨一無二、內涵完整的特質，而且同等重要。但事實上，這些行爲彼此環環相扣，缺一不可。舉例來說，建立一個不斷提供穩健成果的商務管理系統或許不難，但時間一久，難保不會拘泥於既定程序。然而，若有同樣優異的**調適力**，就能在面臨日新月異的客戶需求或競爭情勢時，積極尋求既有程序以外的解決之道。傑夫・貝佐斯（Jeff Bezos）在二〇一六年致股東信中的說法最爲貼切：「若不保持警惕，作業程序就可能失去原有的意義。你不再關心結果，只顧著確認所作所為是否符合程序。較有經驗的領導者會善用不盡人意的結果，深入追查及改進程序[1]。」

若一心秉持信念迅速決策，可能很容易在組織內強行通過，最後導致內部方向不一致而執行失敗。但若擁有**從交際中創造影響力**的優異能力，就能理解利害關係人的需求，並設法讓他們採取符合你意向的行動。

因地制宜是必須認清的第二個現實。依據不同產業、公司及時機，CEO四大致勝行爲的相對重要性會大相逕庭。例如，我們很難想像科技新創公司的CEO如果缺乏調適力，要如何帶領公司蓬勃發展；相反地，若醫院的高層主管本身就不在乎醫院的營運是否穩定而值得病患信賴，我們自然會盡量避開這家醫院，以免淪爲犧牲品。

你最擅長的致勝行爲，應該是公司最需要的特質，才能爲企業創造價值，終而獲致成功。即使有哪方面的能力較弱，你也可以學著逐漸加強，並主動運用他人的長處，藉此達到成功的目的。記得要結交能提供互補能力和經驗的朋友。以「爲美國而教」組織的前任CEO爲例。馬特．克雷默（Matt Kramer）告訴我們，雖然他行事穩健、決策果斷，但需要仰賴他人的協助，以掌握未來趨勢，這也就是調適力的重要元素。他說：「我必須定期和敏銳度高的人聊天，不能太常和埋頭苦幹的人相處。」

總歸一句，你不必是樣樣精通的超人或女超人，也能成爲傑出的CEO，或是精進個人潛能。不管處於哪個職階，沒有任何一個領導者可以完美無缺，精通我們所說的四種致勝行爲。不過，CEO的四大致勝行爲的確必須具備最基本的水準，並在多項致勝行爲上展現顯著的優勢才行。我們的資料庫中，實力最堅強的CEO比起能力較差的CEO，前者精通多項致勝行爲的機率是後者的十倍[2]。要成爲前者，許多傑出CEO的解決辦法是找出自己的弱項，用時間盡力培養優勢。**最重要**

的一點是，加強四大致勝行為永遠不嫌太早或太晚。做，就對了！

為了協助你在登上金字塔頂的過程中評估自我能力，並給予改善建議，我們建置了線上診斷服務，供你利用，網址為：www.ceogenome.com

Part 2

攀上巔峰

奪下夢幻工作

1 充實自我 ＞ 2 攀上巔峰 ＞ 3 穩健收穫

- 職涯推進器
- 脫穎而出
- 成功錄取

Chapter 6

職涯推進器——加速邁向璀璨未來

欲理解人生，需要回頭看；欲過好人生，必須向前看。

——齊克果（Søren Kierkegaard），丹麥哲學家

史考特．克勞森（Scott Clawson）在十四歲就把ＣＥＯ列爲人生志向。他的父親和祖父都是ＣＥＯ，他哥哥後來也是。在家人的耳濡目染之下，掌管企業自然成爲克勞森的職涯目標。

從小，克勞森就相當認眞，競爭力強，在同儕中脫穎而出。他追隨家人的腳步，平步青雲地攀上職涯巔峰。他以三．九六的成績平均績點（ＧＰＡ）從楊百翰大學畢業，接著進入父親的公司歷練兩年，以達到哈佛大學工商管理碩士（ＭＢＡ）的入學資格。他以班上前十五％的優秀成績從哈佛大學畢業，如此優異的學歷使他能夠先後在美國鋁業公司（Alcoa）和工業設備製造商丹納赫（Danaher）承擔重任，並隨著職責範圍及權限愈來愈大，穩定晉升到更高的職位。

克勞森在四十二歲時，進入ＧＳＩ公司服務，實現了幾乎早就注定會實現的ＣＥＯ夢想。四年後，他就以資本額三．八倍的高價售出公司，爲ＧＳＩ公司的投資人帶來豐碩收穫。他的第二份ＣＥＯ工作是掌管濾水器大廠康濾根（Culligan），最後也成功將品牌賣給私募股權公司。

看到這裡，如果你不禁想搔頭回答：「我恐怕沒辦法。」你並不是特例。雖然克勞森的職涯看似完美無瑕，但這種案例可能不像你在閱讀本書前所想的那麼普遍。我們訪問過的ＣＥＯ中，**超過七〇％都要到了職涯後期當上高階主管之後，才**

確認自己想當CEO①。換句話說，他們並未懷抱著CEO夢想而事先完整規畫職涯發展。大多數人從未在奇異或寶僑這樣的大企業工作，也沒有從菁英雲集的商學院拿到工商管理碩士學位。然而，這些未來CEO在職場上不斷擢升的同時，他們的抱負也隨著日益遠大。二〇一四年，光輝國際公司（Korn Ferry）對超過一千名高階主管做了研究，發現有高達八十七％的受試者想在職場上「攻頂」②。

即使具備了本書第一部所述的CEO致勝行爲，你可能還是會在選擇工作時感到無力。怎麼知道哪條路可以通往康莊大道，哪條路是死巷？我們分析了將近一千名CEO的職涯發展案例，指引你一條攻頂的私房密徑。

先說結論：**職涯發展路徑取決於兩項具有乘數效應的重要因素，亦即在正確的職位上創造成果，以及讓成果受到注目**。本章就要告訴你，未來CEO如何選擇職業路徑，才能在職位上鍛鍊工作能力，進而展現CEO應有的工作成果。到了第七章，會清楚說明在職場上吸引眾人目光的藝術，幫助你藉由工作表現獲致全面肯定，使職場生涯有所進展。

啓動職涯推進器快速攻頂

大多數CEO剛出社會時，並未把CEO設爲追求的目標。不過，從他們攀上職涯顚峰的過程中，我們觀察到類似的發展模式。

舉克莉絲汀（化名）爲例吧！好幾年前，我們推薦她接管一家健身公司，雖然這是她的第一份CEO工作，但短短不到一年，她就率領公司走出危機，並且開始獲利。

克莉絲汀的父親是一位馴馬師。在她的成長過程中，常常跟著老闆（她的父親）一週工作七天。上大學後，她住在家裡，找了一份全職工作。《富比士》（*Forbes*）雜誌很擅長描繪職涯規畫的理想藍圖，像是：「畢業後，在相關領域歷練幾年累積工作經驗，再重回校園在頂尖大學拿到工商管理碩士學位，接著順勢進入貝恩（Bain）或麥肯錫（McKinsey）顧問公司服務，最後跳槽到你日後想要領導的企業。務必累積一些實際營運經驗，也要多接觸國際社會③。」然而，克莉絲汀的履歷與這些毫無交集。

克莉絲汀沒有工商管理碩士學歷，也從未在管理顧問公司工作，而且是透過外部招募管道當上CEO。但她的職涯發展卻與我們從將近千名CEO的工作經歷所歸納出來的模式吻合。我們分析的案例主角從出社會到首次擔任CEO，平均需要二十四年。他們之間沒有任何建議可以一體適用，每個案例都是獨一無二的職涯故事。不過，我們的確發現了幾個共通模式，或許可以指引你在工作上做出適當的選擇④。

CEO的職涯大致可分爲三個階段，每個階段都有需要扮演的角色，以利日後攻上職涯巔峰。不論獨立的邊間辦公室是否爲你的最終目標，只要是希望在專業上有所成長，以下許多深刻觀察都很實用，而且適合職涯的任何階段。

第一階段：廣泛探索（初出社會前八年）

CEO這個職位需要優秀的通才。從未來CEO的早期職涯發展中，我們可以發現他們成功的根源。他們通常會在早期嘗試不同部門、產業、公司和工作地點，拓展能力和經驗的廣度。在這個階段不照常規地隨意變換職業跑道，最爲容易，風險也最低。

若是一出社會就選擇進入大企業，能在早期擁有這種多元經歷，通常是因爲公司設有輪調制度，讓新進員工可以到公司的不同職位小試身手。如果是任職於專業服務公司，參加各大專案為客戶解決涉及多種產業且類型不同的問題，也能累積類似的經驗。在小型或新創公司中也有類似的機會，讓員工可以同時負責多種職務。有些未來CEO會在這個階段取得工商管理碩士學位（不管是日間部，還是在緊湊的工作之餘抽空進修），加速職涯發展。

回到克莉絲汀的例子。她一開始是馴馬師，後來才接觸財務課程，然後接受企業培訓，最後才能協助健身公司開設新的門市。

不論從哪裡開始，第一階段的首要原則，是盡可能拓展職涯的廣度及加快學習步調，最好直接效法模範角色的高專業標準。職涯的早期經驗很像一個人的早年人生，這段經歷會成為舉足輕重的印記，深深影響個人對事情是否可行的看法。也因為如此，廣泛地向不同對象討教、接觸各種行事風格，並在多種不同狀況中成長，顯得格外重要。此外，這個階段也是發展重要基礎能力的時候，尤其像是問題解決、財務分析，以及口語和書面溝通技巧，一旦錯過這段黃金時期，日後就很難有機會精通。

第二階段：深入耕耘（第九年到第十六年）

如果第一階段是學習至上，那麼第二階段的目標就是追求重大成果。第九年到第十六年通常會用來培養領導能力、累積業界經驗，並詳細記錄努力結果。在我們統計的案例中，CEO平均都在其個別尋求領導機會的產業中，累積十三到十六年的經驗。這段期間，這些未來CEO會朝一般管理職缺的方向努力，對公司的總營收或獲利做出直接貢獻。他們可能需要爲所在單位的損益表現負責，或擔任銷售、行銷或營運等部門的領導者。最重要的是，**這些未來CEO其實是在證明他們有能力領導團隊，創造重要成果**。我們的資料庫中，超過九〇%的CEO都是先擁有一般管理經驗，才當上CEO。他們在獲得首份CEO工作前，平均擁有十一年的一般管理資歷。

克莉絲汀最後坐上掌管北美地區業務的一般管理職位，負責管理健身產業中某公司價值四億美元的零售門市。根據史蒂文·卡普蘭教授和莫頓·索倫森教授的分析，部門中爲損益結果承擔責任的職位，是轉進CEO寶座最普遍的墊腳石。

這些日後得以順利當上CEO並發光發熱的職場故事，通常會在第二階段充斥振奮人心的好消息，例如：「我負責的西南區域從績效墊底脫胎換骨，最後成績躋身全公司的前二十五%。」或「行銷部門以前給人的印象總是灰頭土臉，只會製作PowerPoint簡報圖表，但在我的帶領下，公司新開發的百萬潛在訂單有九〇%都要歸功於我們部門。」或是「我用創下公司紀錄的超短工時在墨西哥蓋好新工廠，而且完全符合預算，這是公司史無前例的創舉。」展現你的領導力帶來哪些重要影響和價值，是第二階段的主要任務。

第三階段：急轉而上（第十七年到第二十四年）

到了第三階段，我們常常看到這些未來CEO在職場上出現很大的轉變。雖然許多人仍然是優秀的部門領導者、中階經理或甚至是損益負責人，但**未來如期成為CEO的人，已經具有企業領導者之姿而備顯耀眼**。他們展現企業領導者的格局，做決策時會考慮整體情勢及對全公司的影響，並非只把視野侷限於他們負責的區域，而且他們的影響力已經超出其直接權責範圍之外。到此階段，這些未來CEO已經足以影響整個公司的成敗。

等到過了這個階段，大概是出社會二十四年後，這些未來CEO通常已經待過八到十一個職位，每個職位大概兩到三年任期，換過四到六家公司。董事會任命CEO時，通常希望人選能待上十年左右。CEO最終候選名單中，大約有四分之三介於四十歲到五十四歲，只有五%超過五十八歲。許多人都是經由主管招募管道當上CEO。我們分析了九十一份中型企業新手CEO的人事檔案，發現三〇%都是透過招募人員媒合，包括克莉絲汀。

更重要的是，領導者在這個最後階段已成功發展出個人影響力，並在其正規權限之外展現進取心，開始蛻變成未來CEO的模樣。例如，副總裁可能領導某個牽涉全公司的計畫，需要影響其他不隸屬其管理範圍的同仁或高階主管。舉克莉絲汀爲例，某年，公司把最大的投資計畫交到她手上，她必須負責安排相關研議與討論、提出及論證該投資的商業案例，最後將計畫推行到全公司。那是該公司的企業資源計畫（ERP），勢必影響到每個部門和商務團隊。除此之外，未來CEO也會在這個階段將觸角延伸至公司外部。他們在所處產業中打造專屬於自己的品牌，對熱門時事的意見開始受到矚目，足可在輿論中占有一席之地，並透過發言的機會、媒體，以及召集其他CEO和領導者等方式，宣揚自己的看法。

要在職場上攻頂，並沒有預先繪製好的地圖可以參照，尤其前兩個階段大多需要自行摸索。無論你現在的位置在哪裡，眞正的重點在於：**別將職涯視為一連串工作的總和，應該將每個職涯決定視為資歷的累積**。

你的職涯資歷足夠擔任CEO嗎？

以下是我們從支援的數百場CEO遴選程序中發現的共同條件。很少人可以具備所有條件，但如果資歷夠豐富並滿足至少五項條件，比較可能擠進最後的候選名單。

1. 業界經驗。
2. 在相似規模企業中的損益管理經驗。
3. 領導長才的證明，即具有吸引及培養人才的傾向（大家會查看你在求職網站玻璃門上的評分！）
4. 相關情況的成功實戰經驗。例如，公司需透過併購來達到成長的目的，或是公司的首要目標為業務成長，必須具備個別的相關成功經驗。
5. 面對不同商務問題及職位的廣泛經歷，例如帶動成長及改進營運效率。
6. 策略眼光、設定方向和克服改變的能力。
7. 營運及財務敏銳度。

8. 與董事會和外部利害關係人合作的能力。
9. 國際經驗（如果適用）。

爲了幫助你在累積職場資歷時做出最明智的選擇，我們仔細審視了六十位未達業界平均資歷二十四年就順利當上CEO的領導者，並將這些CEO合稱爲「衝刺組」。我們的研究團隊深入分析衝刺組的職業發展歷程，從中歸納他們在工作選擇和經歷方面的共同點。毫不意外地，我們發現有將近四分之一的CEO妥善運用了知名學府工商管理碩士學歷的優勢[5]。但較讓人振奮的發現，是九十七％的衝刺組（幾乎所有人！）運用了我們所謂的「職涯推進器」。

職涯推進器是指將實力堅強者進一步推上領導高位的轉折點，無論是他們的實際能力或他人對其潛能的評價，都達到巔峰。不管你是否擁有知名商學院的工商管理碩士學歷，或在知名大企業工作的經驗，都能主動尋求及創造職涯推進器，加速職涯中任何階段的發展進程。只要找到躍進的契機並加以把握，最後如期發展出領導才能，就能更快提升進入CEO候選名單的機率，不管你所設定的職場目標爲何，職涯發展都能更爲快速。

職涯推進器一：大躍進

一談到能證明CEO能力的方法，「大躍進」可說最爲有效。大躍進是什麼意思？假設某職位的權責超越過往的經驗，或將你帶到不熟悉的領域，導致你遠離原有的一切成就，若能接受該職位伴隨而來的挑戰，即爲大躍進。在大躍進之後，你可能會發現自己突然必須管理比以往多數百倍的員工人數，或根本欠缺新職位所需的經歷。成功大躍進的話，就能證明你有能力在不確定的新環境中大放異采，同時也顯現你有能力在更複雜的新局勢中發揮領導長才，創造成果。若能成功運用大躍進，意謂著你已具備職涯攻頂時所需的技能、才幹及特質，足可登上最高階的管理職位，甚至當上CEO。

衝刺組有超過三分之一的領導者都曾大躍進，其中大約一半的躍進發生在職涯的前八年⑥。**自覺完全做好準備或就緒之前，這些領導者就會主動尋找新的機會，勇敢迎向嚴峻挑戰**。

克莉絲汀的職涯經歷過兩次大躍進。她擔任初階職位（培訓人員的角色）的健身公司發展快速，後來開了新的門市中心。她從這個教導門市員工如何向顧客推銷會員的初階培訓職位，擢升到負責地中海區損益的管理職，接著又順勢升到地區經理，掌管幾個城市的門市中心。她能坐上區域管理職位，必須歸功於積極進取的態度。某個年度會議上，她遇到了極爲崇拜的營運副總裁，當下心想，「以後我要跟她一樣！」於是主動上前認識，把自己的職涯抱負與目標告訴對方。

單位主管發覺克莉絲汀的能力已經超越培訓人員的正規職責，足可支援新門市中心的開幕計畫，因此營運部主管決定一有職缺，就給她一個負責區域損益的機會。克莉絲汀跟我們分享，「那時我問自己，究竟替自己爭取到什麼機會？我們的使命是要提升每個門市中心的營收。顧客轉換率和留客率很低，營運成本高。我很害怕，但我學得很快。我在開會時說，明年我們會表現得最亮眼。老實說，我還讓團隊進行上台接受表揚的預演。」最後，克莉絲汀負責的市場在單一門市中心營收的表現是全公司第二，她的團隊也實現了上台領獎的願望。她在躍進期的成就把自己送上了副總經理的位子。

接著，四年後的另一次大躍進，克莉絲汀在毫無科技背景的情況下成了資訊長。她回想著說：「我從技術部門學到企業的另一套語言，這只有身處其中才能真正有所領悟。」對未來要當CEO的人來說，跳到新部門的好處之一，是能深入認識更多未來需要管理的各個部門。

珠寶公司約翰哈迪的CEO羅伯特．韓森，也很肯定大躍進對職涯發展的正面功效。韓森出身貧苦，他回憶說：「經濟上欠缺安全感是我前進的動力，我不想繼續受那種苦。」他申請到加州聖瑪麗學院的獎學金，但只有這所大學的文科學歷，還不足以讓他進入頂尖顧問公司工作。因此，他先在地區性的小公司擔任研究分析師，之後進入牛仔褲品牌利惠公司工作，這才算是他的大躍進。當時，他是利惠公司的總裁，負責在歐洲經營品牌，套一句他說的話，那次晉升其實有點「超乎預期」。他能坐上這個位子，全是因爲主動向老闆表明自己如何對公司產生更大的影響。

歐洲市場是利惠公司的重點業務，能調任到這個職位，韓森受寵若驚，但他還是接受了挑戰。「年紀輕輕就接到這項任務，可說是喜憂參半。」他告訴我們。「公司版圖跨越九大區塊、二十二個不同國家和文化，語言數目之多不在話下。那是我出社會以來轉變最大的一次經驗……那份工作和CEO有些共通之處，像是很孤單、輔佐的顧問很少，工作內容偏向外部事務。這一切對我來說都是全新的挑戰，需要補足不少功課。」他向不少良師益友和利害關係人討教，鍛鍊**決斷力**和**從交際中創造影響力**的能力，彌補經驗不足的先天劣勢。就這樣，他的努力有了具體成果。三年後，他逆轉了營收衰退十一%的困境，繳出營收微幅成長的成績單。

軟體公司阿比拉（Abila）前CEO克莉絲塔・安斯蕾（Krista Endsley）的職業生涯，就是由一連串大躍進所組成。少數CEO會在心中設定一個終極目標，以此謹慎規畫職涯的每一步，安斯蕾就是其中一個例子；她在十二歲時，就清楚展現日後要成爲CEO的企圖心。

她將職場上大躍進的機會，歸功於大膽提問和坦然面對不安。「我認為每個人隨時都要有身處舒適圈以外的感覺，因為這代表你正在不斷地成長。這樣的不安，完全是自然現象。」她踏出舒適圈的例子，包括早期放棄行銷領域，轉戰產品管理，套一句她的話，她當時只能「不斷地努力」。「離開行銷的位子，轉往產品管理並實際負責一項任務，確實將我的職涯推上日後發展的軌道。」這個產品管理的職位，讓她日後有機會掌管市值兩千三百萬美元的小型部門，負責向非營利組織銷售財務軟體系統。當公司決定將該部門獨立出去，安斯蕾自然成爲CEO的首要人選。她接受了這項挑戰。以私募股權的方式籌集資金，並收購規模相當的競爭對手，提高公司在市場上的地位，公司員工也增加了一倍。身爲CEO的她，最後帶領公司成功創造三倍的市值。

我們想說的是，如果看見大躍進的機會，請先拋開對於資歷的顧忌和恐懼，勇敢把握。最好能主動尋找，而不是被動地等待契機出現。

大躍進DIY

其實你不需要升遷或好運，也能發展「延伸觸角」的潛力。自創機運的方法如下：

1. 從公司內部尋找跨單位專案，進一步了解銷售、行銷、資訊科技、會計等部門。
2. 參與併購案的整合工作。
3. 自願領導或參與重點商務計畫。
4. 自問能對企業做出什麼最大貢獻。
5. 請老闆指派額外任務，尤其是能學習技能的工作。
6. 主動尋找及解決問題，在接到指示前率先採取行動。
7. 培養把握機會的習慣，即使你自認為尚未準備好。
8. 跳脫本身所屬的職位階級，試著與客戶組織中職責更廣、更資深的窗口建立合作關係。

9. 檢視個人生活，在日常中練習大躍進及發展新技能：擔任公民事務的領導者（包括市政府、學校家長會等）；自願擔任領導角色或甚至籌組新的非營利機構；如果公開演說是你很重要的個人發展項目，不妨也尋找相關機會。

職涯推進器二：大混亂

加速職涯發展最好的機會，時常包裹在不太吸引人的外表下，也就是我們所謂的「大混亂」。我們所研究的衝刺組中，約有三〇%曾有過大混亂的經驗⑦，可能是績效低落的事業單位、資訊科技實作失敗或召回產品。

所謂大混亂，基本上就是天大的麻煩，而能順利解套的人等於證明其**穩健創造成果**的能力，能做到別人辦不到的事。要收拾大混亂局面，高階主管必須有能力釐清錯誤、決定修正方法，接著運用**從交際中創造影響力**的能力，動員他人一起追求成果。很多時候，解決問題的過程會面臨龐大的時間壓力，像是公司或當事人權責所屬的部門正處於危機中，分秒必爭。在這種情況下，決策時間勢必相當短暫，而且壓力極大。想在這般混亂情況下，領導眾人安然度過不確定的局勢，需要有勇氣承擔風險，面對逆境時堅持到底，以及在無清楚規則可循時規畫出前行的途徑。

詢問受訪對象如何發展攸關CEO能否成功的關鍵行爲時，絕大多數都提到在危機中領導的經驗。「爲美國而教」組織的CEO埃莉薩．維拉紐瓦．比爾德回答：「除非親身經歷最艱鉅的情況，不然我不太相信一個人能認清自己的能力。你必須深入探索，才會知道自己的本領和價值。」

奇異、百事可樂（Pepsi）及丹納赫集團這種已擁有傑出領導者的大企業，會刻意利用大混亂的機會，栽培未來的高階主管。他們會把相對較不資深但能力出眾的主管，調派到績效低落或四分五裂的事業部門，等著看這些主管會祭出什麼整頓措施。我們輔導過的CEO中，有不少人將過往處理大混亂的經驗視爲職涯轉捩點。事實證明，優秀的CEO都是在高壓淬鍊下誕生。

其實不必靜待老天眷顧，也能有機會善用大混亂加速職涯發展——只要主動尋找就行了。CEO布魯斯（化名）從一個非比尋常的地方發現了這樣的大好機會：**報紙廣告**。英國西岸的某個都會郡（metropolitan county）在報紙上刊登廣告，想幫城市徵求一名首席行政長官，相當於政府機構裡的CEO。那座城市價值四十億美元，擁有兩萬名職員，但當時正面臨破產危機。

布魯斯嗅到一展長才的機會。當時，自海軍陸戰隊退伍的他，在一家航太與國防公司擔任主管。他剛拿到公司內部升遷的機會，也有其他工作在向他招手，但布魯斯認爲，若依照公司的升遷計畫擔任副總，大概還要很久才能實現他掌管整個企業的最終目標。因此，他應徵報紙上的職缺，成爲一個郡的首席行政長官。

擔任行政長官期間，布魯斯主導了一項財務解套方案，在隨著情勢發展不斷調整之餘，也接受當地媒體嚴苛的監督。爲了取得亟需的財源，他不顧政壇的猛烈反彈，甚至死亡威脅，一意孤行地推動垃圾清潔服務民營化。布魯斯將資金從行政支出項目調撥到其他計畫，回饋給納稅的人民。例如，中學校園下午延長開放時間，爲小孩提供安全的活動空間，並將育兒預算提高四倍，極力減少嬰兒夭折的數量。兩年後，布魯斯帶領整個郡擺脫了垃圾債券等級的形象，評等大幅進步到A^-，因此才能以較優渥的條件籌措資金。他的貢獻不僅將他送進納稅人聯盟（Taxpayers Association）的名人堂，也在人民及政府高官心目中留下了不可抹滅的地位。如今，布魯斯在《財星》雜誌五百大企業中某家科技服務公司擔任CEO。

大混亂是運用四大CEO致勝行爲的理想時機，尤其是磨練**決斷力**的大好機會。從訴訟律師轉任CEO的香堤．艾金絲（Shanti Atkins）最能夠體會。在她還是就業服務法律師時，一家企業的董事長知道她對科技領域有興趣，於是商請她協助成立一家以科技公司爲服務對象的法規線上學習機構ELT。艾金絲滿腔熱忱地投入產品開發及市場定位，同時白天仍繼續律師的工作。二〇〇〇年，產品面臨市場滯銷的困境，如同經濟衰退期間許多公司的命運一樣。ELT公司沒能拿到最後一回合的資金，歷經三波裁員，苟延殘喘。艾金絲回想，「當時全公司只剩下十二個人，公司提議由我接任CEO。那時的大環境瞬息萬變，充滿壓力，但我初生之犢不畏虎，因此很堅定地點頭答應了。」她的任務是找到願意接手公司的買家，緩解公司的財務壓力。「但我對公司的產品太著迷了，一心相信公司還有發展潛力。你應該看看我當時住的地方，到處都是與產品相關的筆記和構想。我滿腦子想著不一定得收掉公司，產品很好、市場也的確存在，我們只是遇上幾波市場亂流。」

最後，她讓公司歸零重來，帶領公司從幾乎一無所有成長到市值超過一億美元。回顧這一路的艱辛，她說：「我喜歡在短時間內做出決定，對一個以前當過律師的人來說，這很有趣，不過我們終究得面對眼前的危機。公司成立不久就遇到危機，是我練習快速決策的大好機會。」對此，艾金絲設定了一個決策規則，「如果我需要在三十秒內決定，我會怎麼做？」伴隨危機而來的龐大壓力，改變了她對做出錯誤決定的成本認知，重點是，根本沒有時間讓她猶豫不決。

要是你覺得最搶手的任務總是沒有自己的份，這裡提供一個技巧：**自願負責沒人要做的工作**。這通常是別人認爲一文不值的工作，但你可以從中發掘價值，發揮其蘊藏的潛能，綻放最耀眼的光芒。通常這也是別人不願冒險承接的艱難工作。在大混亂中，管理階層通常會釋出一條通道，讓願意挺身而出的人拾級而上，原本得不到的機會，此時就會自動送上門來。

職涯推進器三：以退爲進

規模較小的公司時常提供加速職涯進展的機會。大企業的新進CEO平均會比中小企業CEO多出四到六年的資歷。倘若從職場的角度來看，「以退爲進」也可以解釋爲在現任公司中嘗試新領域。**我們分析的衝刺組中，約有六〇%曾在職涯中接受職級較低的職位**⑧。其中許多人在公司接觸新事物，有些人因此離開原公司去了新的企業。

從零開始打造產品、創立部門甚至創業，在過程中蛻變、磨練出更堅強的實力，都是無價的寶貴經驗。在這樣的環境中，被賦予責任的時間會比在較穩定的情況下來得更早。經歷這段過程之後，這些CEO候選人就能高人一等，相較之下，循著企業階級或結構努力往上爬而從未建立商務體系及程序，自然相形失色。

達明．麥當諾（Damien McDonald）是嬌生公司（Johnson & Johnson）的明日之星。他在全球手術器材大廠愛惜康（Ethicon）擔任全球行銷副總裁時，爲公司創造了更強勁的成長力道，從差強人意的一%至二%提升到三%至五%，在業界獨領風騷。他優秀的上司也同樣處於職涯快速發展期，頗受資深高階主管器重。

一切都很順遂，而且朝著好的方向發展。上司對麥當諾的表現讚譽有佳，視他爲未來可能的接班人，並明白表示他已經勝券在握。聽到上司這麼說，誰會不高興？但問題是，麥當諾不想承接上司的位子。「我看了看他所擔任的一般管理職角色，覺得那不是我想要的未來。」嬌生公司市值高達五百億美元，由衆多單位、部門和利害關係人交織組成極複雜又龐大的企業體系。

麥當諾設定的目標，是擔任三億至五億美元規模事業的CEO，如此才能擁有賽車般的靈巧度，行進過程中可以隨時改變方向，而非橫跨大西洋的巨大郵輪，笨重遲緩。於是，他選擇離開嬌生公司，轉往醫療器材公司捷邁（Zimmer）任職，這家公司的規模遠遠比不上前東家，在業界也毫無名氣。

他接管了營運表現不佳的脊椎疾病部門，該單位市值二．五億美元，專爲脊椎病患提供手術解決方案，提升術後的生活品質。這是他學習當總經理的大好時機，同時也能證明自身能力。最後他繳出了非凡成果：他的部門較前一年同期成長十二%，如此優秀的表現將他推上丹納赫集團（廣爲人知的CEO搖籃）高階主管及企業副總的職位，掌管總市值十五億的牙科消耗品事業群⑨。麥當諾願意屈就較小規模企業的思維，最後爲他創造了龐大效益——二〇一六年，倫敦醫療科技公司利瓦諾瓦（LivaNova）延攬他擔任CEO。

除了麥當諾之外，克莉絲汀同樣也運用了「以退爲進」推進器。當時，她向任職的健身公司主動提出發展電子商務的意願。許多競爭廠商都已開始經營網路知名度，透過線上管道銷售健身商品，但她公司的網路業務並不賺錢。「我決定調往較低的職位。」她說道。「這很可怕，我對那個職位一無所知，只能用心學習。」後來，克莉絲汀變成這方面的專家，她擅長建立績效指標、可供遵循的固定程序及標準作業流程，這些都是**沉穩可靠**的重要元素。「我隨即明白，我們必須設法讓業務規模可以擴展。我需要制度方面的輔助，不得不自己動手建立。」

由於她正在熟悉新的電子商務模式，於是大膽向他人尋求協助與建議，藉此加強自己的**調適力**。她向所屬單位以外的部門諮詢，例如公司的財務團隊或行銷部門，因此比其他同仁顯得更主動參與，思維不落窠臼。另外，她也主動聯絡相似產業中已打開網路市場的從業人員。「我就是不斷向外求援。我曾打電話給美式餐廳波士頓市場（Boston Market）和服飾品牌蓋璞（GAP），向他們的客服中心討教。我也從其他產業取經，我需要強迫自己從不同的角度看事情。」她繼續說，「最後總算開始賺錢。」事實上，在她離開那個職位時，電子商務的營收已是原本的**四倍**。

自二〇一六年起擔任3D系統公司（3D Systems）總裁暨CEO的維邁斯·喬西（Vyomesh Joshi，一般稱呼他爲VJ）初出社會便進入惠普公司（HP）工作，早期也有過一段以退爲進的日子。一九九三年，他是廣受愛戴的研發部經理，總管聖地牙哥和巴塞隆納的大型實驗室，管理超過兩百名大尺寸印表機的研發工程師。當時，若喬西循著「安全可期」的升遷路徑，有朝一日必可帶領更大的團隊。

不過，他的上司安東尼奧·佩雷斯（Antonio Pérez，當時爲資深總經理，後來轉任柯達CEO），給了他一個從零經營業務的機會，指派他擔任多功能印表機部門的營運經理。「多合一」事務機現在相當普遍（說不定你家裡就有一台），但在一九九〇年代早期，這算是惠普公司的新業務領域。這個職位沒幾名部屬，未來發展混沌不明。喬西苦思是否應該踏出這風險極高的一步，因爲表面上看似降職，也不是他原本設定的職涯途徑。最後他看中此職位可以開拓新領域，對惠普公司做出重大貢獻，因此接受了這個機會。

冒險對喬西來說已經是家常便飯。二十出頭時，他就不顧家人的強烈反對，義無反顧地賣掉所有家當，飛往美國攻讀碩士學位。喬西回想起剛踏上美國土地的情形，「我從紐約的甘迺迪機場入境美國。一下飛機，我感覺很渴，看到一台噴水式飲水機，卻不知道怎麼操作，幸好有位女士教我。」接受這份偏離正軌的職務，就像喬西初到新國度一樣，總是得承擔一點風險，但事後證明這次的冒險相當值得。他從零開始經營多功能印表機業務，最後交出高達一億美元的佳績。接著，他如法炮製為惠普公司設立居家影像部，同樣是從無到有，而且大獲成功。

有了這些成功經驗，喬西在一九九九年展開升遷大躍進，先是接手市值九十億美元的噴墨印表機業務。二〇〇一年，他進一步當上執行副總，掌管總價值達一百九十億的影像暨列印事業群。到了二〇一六年，他受命擔任3D先驅企業3D系統公司的CEO，職涯發展正式登上巔峰。回首來時路，一九九三年負責開拓多功能事務機市場的小職位，雖然充斥風險，但在將喬西加速送上事業高峰這方面，功不可沒。

滑鐵盧：是詛咒還是考驗？

無庸置疑，職涯推進器多少有其風險。爬上高階主管職位後，難免會有慘遭滑鐵盧的時候，亦即犯下毫無正面意義的錯誤而導致失敗。從慘遭開除、無奈接受會嚴重影響財務的新計畫上路，乃至於在衆目睽睽之下做出顏面盡失的決策，都是常見的下場。在我們的研究樣本中，將近一半的CEO都曾在職涯中搞砸過。**出乎意料的是，這些失敗經驗對他們再次受聘的機率以及最終成為CEO的實際表現，都沒有顯著的負面影響**⑩。

讚頌冒險精神的詞藻常爲我們帶來啓發，那是大學畢業典禮、專家職場建議及輔導面談中，屢見不鮮的元素。我們都曾經聽過比我們大幾十歲的成功人士坐擁成功經驗，眉飛色舞地暢談痛苦的過往。我們也常聽身邊朋友分享悲慘故事，看他們在殘酷的職場上奮力掙扎，載浮載沉。**我們如何判斷哪些風險值得承受？又該如何處理搞砸的情況，確保其能成為「值得學習」的寶貴經驗，而不至於只是職涯悲劇**？以下提供幾項指導原則。第一，在職場上遭遇各種不同的失敗經驗，不會削弱你成爲CEO的潛力，但要是相同的錯誤一再發生，就可能阻礙未來的發展。第二，愈早發生搞砸的經歷，成本愈小。最重要的是，無論學習領導技巧或獲選爲CEO，失敗經驗本身並非重點，如何因應及處理失敗經驗才是關鍵。

領導者成功與否，應對失敗的方式是關鍵。從我們分析的CEO案例中，可發現兩個普遍錯誤。第一，將搞砸視為失敗經驗的CEO人選，與將挫折視為學習機會的領導者相較之下，前者表現優異的機率只有後者的一半[11]。如同第二章所述，對這些CEO而言，避用「失敗」一詞並不表示他們感覺失落，而是反映出他們的眞實態度：犯錯在所難免，而且並不羞恥，無需避之唯恐不及。相反地，犯錯是最值得信賴的實驗場域，能促使未來有所進步。

我們從許多CEO可能人選身上發現的第二個錯誤，是未能立即坦承搞砸並負起責任。訪談中，他們時常避重就輕，指向其他外部因素或歸咎他人未善盡監督之責。我們的資料顯示，若是候選人推卸責任，其受企業青睞而雀屏中選的機率會減少三分之一[12]。

那麼，最優秀的人選和CEO會怎麼做？他們會正視事實，把錯誤視爲己任，並主動檢討自己從中學到什麼，以及該如何調整行爲和決策，將未來再次慘遭滑鐵盧的機率降到最低。

安妮·威廉絲—伊瑟姆（Anne Williams-Isom）是非營利組織哈林兒童之家

（Harlem Children's Zone）的現任ＣＥＯ，該機構的宗旨是要終結哈林區長期以來的貧窮問題。她的領導力已廣獲讚賞，這並不容易，因爲前一任ＣＥＯ正是備受愛戴的組織代表人物：創辦人傑佛瑞・卡納達（Geoffrey Canada）。

威廉絲—伊瑟姆爲人誠懇直率。與她聊天時，很快就能感受到她對兒童之家所付出的龐大心力。她的童年並不如意，幸好有個堅強勇敢的單親母親一路陪伴。她的母親是長島猶太醫療中心（Long Island Jewish Medical Center）的第一位非裔移民護士。她的家庭發生過許多風風雨雨。我們有錢加油嗎？我們付得起孩子們的學費嗎？一路上，威廉絲—伊瑟姆經歷過不少艱困時刻和棘手情況，很樂意和我們分享最慘烈的滑鐵盧經驗。

威廉絲—伊瑟姆在卡納達的領導下擔任營運長，那段期間，有個當時由她負責的事件差點演變成一場悲劇，而一切起因於兩個七年級學生之間的衝突。一般來說，這樣的事件經過校長和課後輔導老師處理後，就會塵埃落定。她在事發後不久就收到校長的通知，當下她以爲機構內的職員已接手妥善處理，因此便放心下班。

只是，這次她的團隊無法順利化解衝突。認識當事人（兩個小女孩）的成年人，聚集在校內準備大打出手，原本就緊繃的局面彷彿火上加油，危機一觸即發。衝突升溫之際，威廉絲—伊瑟姆並未在機構內。不久後，她接到ＣＥＯ的緊急電話，才得知情況尚未解決。她立刻趕抵現場，總算抑制雙方的怒火，最後化解危機。雖然事情和平落幕，但對威廉絲—伊瑟姆來說卻是千鈞一髮。她認爲不該讓孩子的安全受到任何威脅，而這一切都是因爲事件的發展出乎意料之外，現場處理的職員沒有做好萬全準備。

如今回想起來，她明白自己當時的確低估了事件的風險。然而，她沒有因爲犯錯而故步自封，反而記取當時的教訓，從錯誤中汲取寶貴經驗，使其成爲日後成長的養分。首先，她學到了權變規畫（contingency planning）及風險抵減（risk mitigation），日後她會透過大量提問來預期風險程度，原因就在這裡。另外，她也學到當場承擔責任的重要性。總有些特定時刻是以安全爲最高考量，這時領導者必須在現場負責處理。如今，無論是她的領導作風或團隊的運作規範，都可以看到她的學習成果。

若能以學習的心態面對，失敗經驗就不是需要遮掩的傷痕，反而是發展領導力的重要根基。關於這一點，威廉絲—伊瑟姆是最好不過的典範。從最痛澈心扉的經驗中汲取教訓，奠定了她的領導能力，最後更讓她成爲哈林兒童之家的ＣＥＯ，這個備受世人推崇的機構，正是近百個哈林區核心街區得以成功蛻變的幕後功臣。

如何一飛沖天而不重摔在地

職涯加速發展是高風險、高報酬的職涯選擇策略。那麼，該如何確定推進器能將你推上青天，同時避免偏離軌道而重摔落地？

- **讓支持者了解實情**：若能讓曾見識過你的成功及願意支援相關資源的人了解風險，萬一在執行高風險任務時失敗收場，大家較有可能將此視為特例，認為這是促進日後強勁發展的寶貴經驗。
- **讓高層主管了解可能的風險**：匯集各方對成功機率的看法。確認高層主管（包括比你的直屬上司高一至兩個階層的主管）清楚明白你正為了公司利益而承受極大風險。你已同意接受棘手挑戰，即使可能失敗，從中汲取的教訓也有其價值。
- **確認你擁有需要的資源**：評估及鞏固你需要的預算和人才，並確定你有追求成果所需的決策權力。
- **維持人脈**：積極經營人脈，即使與當下的職務沒有直接關係，也應維持聯繫。時常與資深前輩保持聯絡，必要時向他們請教，這有助於確保一切都在掌控之中，而且當你準備就緒時，這也能幫助你識別下一個適當的職場角色。

做出正確的職涯選擇，只是推進職涯的一半工夫。你可以精進所有CEO致勝行爲、動用每個職涯推進器，但要是沒人注意，其實沒有太大意義。以正確的方式與適當對象建立良好關係，讓他們知道你的表現，這一點與你最後得到的成果同等重要。在下一章，我們即將解析成功當上CEO的人是如何受到矚目。

重點回顧

❶ 在各階段盡可能加強往後的職涯選擇：

- 第一階段（出社會前八年）：拓展職涯廣度，快速學習。
- 第二階段（第九年到第十六年）：創造可供衡量的成果。
- 第三階段（第十七年到第二十四年）：成為企業領導者。

❷ 運用職涯推進器加速發展：

- 大躍進
- 大混亂
- 以退為進

❸ 坦承接受搞砸的經驗，將失敗轉化為學習的契機。使用職涯推進器時，記得與支持者保持聯繫。

❹ 每年評估一次CEO整備進度，檢視重點包括：

- 對四大CEO致勝行為的精進程度。
- 自身資歷與一般CEO任職條件的差距（詳見第一七七頁）。
- 有助於加速發展的職涯推進器。

Chapter 7

脫穎而出——如何吸引目光

喬治少尉：「我不愛到處炫耀豐功偉績。」

黑爵士上尉：「至少要先讓大家知道你有什麼豐功偉績，才能炫耀。」

——BBC喜劇《黑爵士四世》（*Blackadder Goes Forth*）

我們的研究重點在於職場表現及成果，不是炫耀成就或經營人脈。不過，無論是客觀資料或親身經驗，都逼使我們不得不面對現實，對讀者誠實以告。躋身CEO候選人名單的祕訣並非「締造豐功偉績，暗自希望消息傳入別人耳裡」，關鍵在於「締造豐功偉績，設法讓別人注意到你」。

登上職涯巔峰是兩股力量交互作用的結果：在正確的職位創造成果，而且成果受到矚目。所有搶手的職缺都適用這個道理。我們生活的世界其實很擁擠，周遭可能就有五個陌生人要與你競爭高價值的職缺。要在彌足珍貴的CEO或大部分領導職候選名單上取得一席之地，優異的實際表現固然必要，但不足以將你送上寶座。

說到爭取CEO職位，艾琳娜最愛提起她在多年前認識的一位澳洲高階主管，這裡就以克里斯稱呼他吧！二〇一四年，艾琳娜因爲某個CEO職缺評估了克里斯的履歷，對於他在四大CEO致勝行爲的成熟造詣，留下深刻的印象。他在產品經營領域的資歷豐富，並不吻合艾琳娜當時所評估的服務領域職缺，尤其該職缺的首要任務是要帶領企業走出困境，克里斯其實並非合適人選。不過，艾琳娜相信，克里斯已經具備擔任CEO的條件，會有其他企業需要他的優勢和長處。

那次的CEO評選，是克里斯第一次擠上競爭激烈的候選名單，而且一度看似有機會雀屏中選，但後來的結果讓他備感挫敗。他和所有距離成功只有一步之遙的競爭者一樣勤奮努力，不僅工作表現亮眼，經驗也相當豐富。克里斯從銷售領域起家，先是進入消費性產品的全球龍頭企業工作，後來大躍進到另一家公司，擔任需負責損益狀況的職務。爲了累積更多跨國工作經驗，他更舉家搬到歐洲。最後，他落腳一家商業管理系統在業界頗富盛名的公司，管理營收超過十億美元的部門。

克里斯上任後的成果斐然。他展現嫻熟的CEO致勝行爲，也多次做出正確的職涯決定。然而，他終究還是陷入進退不得的困境：身爲CEO新鮮人選的賞味期即將結束（如果有好幾年時間距離CEO職位很近，但從未眞正獲選就任，董事會通常會特別謹慎考慮）。克里斯當時的上司認爲他是極具潛力的領導者，但問題是上司和他的年紀相當，短時間內沒有退休的計畫。克里斯的太太一向是他最忠誠的支持者和軍師，眼見克里斯的職場發展遭遇瓶頸，她開始覺得問題可能出在他不夠稱頭，因此強迫他去矯正牙齒，端正體態。

有一天，艾琳娜和克里斯在紐約相約共進早餐，周圍盡是穿著昂貴西裝或套裝、外型亮眼的男男女女，這讓克里斯顯得有點侷促不安。他詢問艾琳娜對他發展瓶頸的意見：他太太說對了嗎？問題眞的出在他的牙齒嗎？一切只是因爲他的外表不夠稱頭？

艾琳娜搖搖頭。

「牙齒不是你的問題。」艾琳娜說道。

克里斯顯然鬆了一口氣，但艾琳娜隨即告訴他，其實有一個更大、更棘手的問題，不過同樣可以有效改善。

「你的履歷很有競爭力，但你花了多少時間認識那些能真正延攬你擔任CEO的人呢？」艾琳娜問道。

我們認識很多傑出的高階主管，都像克里斯一樣在職場中遭逢瓶頸（很多人甚至更早面臨這個問題），他們都在成功的其中一個要素上認真耕耘，亦即在正確的職位上追求卓越成果，卻很少設法讓真正握有職缺的人看見他們的成就。關於這一點，就算牙齒潔白整齊也無濟於事。

就克里斯現階段的發展來看，他仍然欠缺通往CEO之路的鑰匙，我們發現資深高階主管普遍忽略了這一點。據我們所知，能擠進CEO候選名單的人，代表他們都已經透過合適的方式，讓適當的對象（亦即握有CEO決定權的人）見識過他們的才能。稍後我們再談克里斯的案例。

有趣的是，我們從未發現這類優秀人才有任何試圖吸引他人注目的跡象。換句話說，他們並未積極自我推銷，也不主動吸引他人的目光。他們不會刻意展現人脈，以換取他人追捧，也不吹噓領英網站的個人檔案獲得多少人背書。如果他們會透過經營關係來創造工作成果，多半**只是因為公事所需，而非為了自己著想**。他們多半會以適當的方法在合適的人面前爭取曝光。我們篩選出幾個方法，在時間的淬鍊及刻意練習之下，能有立竿見影的功效。

讓合適的對象看見你

1. 挑選上司

組織中，最有機會看見你的表現及成就的人，非你的上司莫屬。好幾年前，我們認識的CEO葛林（化名）就經歷過一次慘痛的教訓。當他得知自己名列公司CEO的候選名單後，就停止維持與上司（現任CEO）的關係，將重心轉往公司的執行董事。葛林急於表現自己是最佳人選，於是開始單方面處理公務，並時常批評老闆的決策。

一如你所預期，現任CEO發現葛林的企圖，最終對他失去信任。「你擁有成為下一任CEO的實力。」對方很生氣地告訴葛林：「只可惜你總是衝著我來。你野心勃勃，讓我感覺你比較像是敵人，不是我的接班人。」葛林非但沒有獲得董事會的認同，甚至在一年內就慘遭革職。他認爲這一切都是領導者的不安全感作祟而導致他斷送前程，自比爲企業的悲劇英雄。或許他沒錯，但即便眞是這樣，也對他爭取夢寐以求的工作毫無助益。

顯然，這些未來CEO不一定能在職涯中與公司長官保持良好的關係。換個角度來說，要是審視那些成功取得高階管理工作的人，他們通常都與上司維持著友好關係，因此可以避免在上司/部屬關係中犯下兩種最常見的錯誤。第一，他們一意孤行（甚至涉入衝突），讓上司感覺受到攻擊；第二，他在組織中只顧著自我表現，搶走上司的風采。

欲避免這兩種錯誤，作法很簡單，祕訣在於事先做好調查，盡可能挑選最合適的上司。如果無法這麼做，你所提出的每項建議務必都要呼應組織所設立的目標，最好也能與上司的目標契合。記得要像合作夥伴一樣與上司相處。當然，如果上司的能力不足、爲人惡劣，或有控制狂傾向，可能就很難建立合作關係。我們審視了新興領導者與上司相處的各種情況，整理出他們成功化解僵局的最佳解套辦法，分享如下：

- **搞懂上司的目標**：他心目中對成功的定義爲何？你在其中扮演哪種角色？你能如何大力支援？他的職涯有什麼目標？他的動力來源是什麼？了解上司最重視組織中的哪些人，設法透過他們博取上司的注意。
- **不私自揣測上意，直接詢問本人最保險**：他對你在工作上最大的期許是什麼？他喜歡你怎麼跟他溝通？不要只問一次，考量的優先順序會隨著時間改變。例如，你可能以爲上司要求完美，因而遲一天交報告，但其實他需要快速決策，即使報告中的數據並非百分之百正確也沒關係。開口詢問時，若要避免問不到重點，不妨朝上司最青睞的員工去思考：是什麼原因讓他如此讚不絕口？

● **善用上司的力量**：允許上司參與你的職涯目標，並將個人利益與組織連結在一起。設法讓上司記住你想追求的目標，要是哪一天會議中出現你夢寐以求的職務，他會隨即想起你並樂意助你一臂之力：「我知道誰最適合……」然後說出你的名字。反過來說，要是你的上司聽到風聲，才知道你正考慮調到其他部門，原本與你同一陣營的盟友可能就會在一夕之間成爲敵人。凡是自認爲攸關你未來成功與否的人，難免會希望你主動找他們商量，讓他們在你的重要職涯抉擇中有所參與。

● **定期回報重要事務的最新狀況**：掌握上司最重視的事項，就你的職責範圍重點式回報工作進度。最合適的回報頻率及媒介會依不同上司、公司、職位等因素而異，但定期回報的大原則一體適用。這麼做所要傳達的訊息是：**我知道哪些事務對你和公司至關重要。你可以完全信任我，交給我處理準沒錯。**

有些人上班是以取悅老闆爲原則，有些人只想把工作完成。「我該如何幫助上司達成公司的目標？」並非這些人的考量，但這才是讓公司長官與你站在同一陣線的祕訣。別忘了，他們能引薦你發展機會，或提拔你成爲組織中的明日之星。

我們不是鼓勵你拍馬屁或操弄辦公室政治。我們的意思是，你應該眞誠地設法支持上司，彼此合力達成他的、你的及公司的目標。但如果你發現上司偏離常軌，與公司的發展目標不同調，最好的應對辦法就是主動調職。

評估候選人時，受上司「提拔」而調升到更高職位，是我們判斷人選是否表現優異的常見標準，只要出現這項條件，我們就會大力推薦。這等於告訴我們，該人選經營及管理人際關係的能力不錯，而且工作表現也有一定的水準。

2. 經營保證人

我們發現，除了與上司維持緊密的良好關係之外，我們研究的衝刺組有將近一半的人在職場上一路都有強大的「保證人」扶持①。保證人是指有影響力、有門路，以及能替你引薦珍貴機會的人，很多時候，他們比你的上司更資深，也有可能隸屬於公司的其他單位。若有具影響力的保證人從旁支持，你在組織內的發展速度必能有所提升。爲什麼？因爲保證人可以爲了你採取行動、提供寶貴管道，並以他們的信用爲你強力背書。

挑戰就隱藏在其中。我們都知道自己需要保證人，保證人的重要地位已經是領導力發展文章和職涯諮詢部落格的常駐主題，但對於最需要保證人的讀者來說，文中提供的建議通常參考價值有限，因爲並非每個人都能有幸認識如文中所述那樣思緒敏捷的保證人。

不過，保證人確實時常爲他們認定的「自己人」背書撐腰。假設有人極力爭取某個機會，但發現自己在衆多競爭對手中是少數異類，該怎麼辦？或許會有人建議他應該換上與其他人相同風格的服飾，或假裝與他們擁有同樣的嗜好，僞裝成和大家一樣。相對於此，有些CEO候選人選擇跳脫固有框架，主動奠定自己在群體中的地位，這是我們比較感興趣的課題。與其試圖變成一個不像自己的人，他們大多會發揮機智靈巧的一面，用眞實面貌眞誠地與他人建立關係。

心靈成長公司更快樂（Happier）的CEO娜塔莉・柯岡（Nataly Kogan）將大部分的成就歸功於她用自己的方式找到定位。她十四歲時，從俄羅斯移民到美國。當時，她幾乎不會講英文，但憑著快速識人及觀察環境的能力，她找到建立人際關係的切入點，安然度過美國中學生涯的社交和學業挑戰。來到底特律郊區校園的她，第一天上學走進學校餐廳時，就必須辨別出「哪些小孩是好人」。

找到「友善的朋友」只完成了一半的工作，另一半是要依對象調整因應策略。跟老師說：「我的英文不好，你可以幫我嗎？」通常都能順利獲得幫助，但把這一套用在青少年身上？這只是自尋麻煩。她發現「以物換物」反而比較有效：「如果你可以借我英文筆記，我就借你數學筆記。」在中學校園中，筆記具有貨幣的功能，謙卑則是一文不值。

開始上班以後，她是紐約創投公司哈德森投資（Hudson Ventures）唯一的女性總經理。在那段日子，她發現可以運用幽默，與愛聊運動賽事的同事搭起溝通的橋梁。她告訴我們，剛開始上班的那段時間，丈夫會幫助她統整賽事新聞，這樣她週一進公司時才有話題跟同事聊。直到有一天，她早上醒來突然領悟，「這不是真正的我，這都是裝出來的假象。我不想再這樣下去。後來，我發現幽默可以拉近人與人之間的距離，這對我很有效。」

不僅年輕人，在職場上闖蕩了一些時日的專業人士，也時常感嘆自己不夠幸運，未能遇見擁有影響力的保證人。**與其消極等待幸運之神來敲門，你可以主動探尋保證人**。首先也是最重要的，優異的工作表現是與保證人建立關係的基礎。

除此之外，我們提供幾個方法，協助你在獲得矚目的同時，也能培養保證人。在你實際運用這些方法之前，有件事需要鄭重提醒。唯有以具體的優異表現和眞誠態度爲根基，以下方法才能見效。要是招搖撞騙就想引人注目，不僅無法大放異采，反而只會以失敗收場：

- 與潛在的保證人分享抱負，而非抱怨問題。這能創造正面能量，同時顯示你與公司和保證人有志一同。
- 向潛在的保證人請教與他切身相關的課題。若你希望有人願意在成功的道路上拉你一把，必須給對方輕鬆貢獻一己之力的機會。討教是培養保證人關係的一種強力手段。大多數人很喜歡給建議，正是這種行爲促使他們願意協助你成功。至於建議本身的價值就不用多說了！一切圓滿落幕後，記得告訴保證人結果，說明他的建議對你有何幫助。
- 提出清楚確切的請求，讓保證人可以輕鬆找到施力點。例如，假設你希望多接觸資深客戶，向銷售部主管尋求協助，會比製造部來得有效。
- 對保證人表達誠摯的謝意。說出他們曾經幫助你的地方（不管多麼微不足道），對此表達感激之情。感謝他們不吝給予建議或機會，說明這爲你帶來的助益。一旦獲得認同，一般人通常容易付出更多，就算前輩也不例外。

- 向保證人尋求協助時，務必展現積極態度，接續經營後續發展。例如，若他在你的請求下幫忙引薦，就別讓電子郵件石沉大海。機會一出，務必主動經營。
- 端出牛肉。打進封閉的人際網絡、吸引保證人目光的方法之一，就是提供他們渴求的新技能。有一家投資公司平常主要是和結識幾十年的長期客戶合作，但當他們準備在業務中導入先進的數位技術時，反而開始向新的合作夥伴獻殷勤，而這全是因爲這些人可以提供他們需要的能力。務必培養寶貴的專業能力，成爲他人眼中的專家。

3. 升起營火

艾琳娜在麥肯錫的良師益友庫爾特．史托文克（Kurt Strovink）有一次語重心長地對她說：「妳在工作上的表現很優秀，但未獲得應有的知名度。妳和媒體界的合作夥伴共事一陣子，接著找到金融服務領域的合作對象，然後就轉往倫敦，後來又參與消費相關專案。這個過程很像每隔幾個月就搬到不同城市，這樣沒辦法建立強大的支援網絡。」史托文克要艾琳娜想像自己從太空站回望職涯發展：「妳在不同地方點燃無數個火種，但誰會發現？與其這樣，不如升起巨大營火，讓熊熊火焰從太空中依然清楚可見，這樣的話，妳的努力就會獲得實際的回報。」

別再到處放火種，選個落腳處升起營火吧！史托文克這麼說。到了職涯的某個階段，你會發現用心經營人際關係相當重要。這裡的關鍵在於要將時間和心力投注在哪些對象身上，從中建立龐大的人際網絡，以此為基地尋求發展舞台。

若想跳脫所屬的職位階級往上發展，那麼向上越過幾個層級，去擔任高階主管的幕僚人員，會是很好的辦法。這是職涯初期爭取曝光的有效途徑。很多時候，營運領域的領導者一心處理損益方面的事務，容易忽略幕僚長和策略總監這類企業職位，但這些角色不僅容易吸引高層領導者的目光，也是深入觀察傑出領導者如何從上而下經營整個企業的絕佳位置。即使你待的公司規模較小，可能沒有所謂的「幕僚」，也可以自願參與職責以外的跨單位專案計畫，如此也能提升你的曝光度。

之前提到懷抱CEO夢想的克里斯，他早年曾放棄默克藥廠（Merck）的行銷職位，轉任業務改善經理這個幕僚取向的職位，周圍的人都覺得他瘋了。積極追求高成就的人，通常會選擇行銷和銷售方面的職位，一級一級往上晉升。業務改善部門隸屬於營運團隊，較不為人知。不過，克里斯正確掌握了這類職位的優勢，包括拓展他看待公司的視野、增進能力及開拓人脈。「當上業務改善經理後，我可以穿梭於公司各個單位，幫助所有人解決問題。幸虧這段經驗，我才能比其他同仁更了解公司業務及所有部門。由於我需要主導攸關全公司的改善計畫，因此才有機會接觸主管的上司。」克里斯發現，這個職位幫助他在極具影響力的群體中快速增加曝光度：「那個工作給我更多接觸高層領導者的機會，這是始料未及的好處。」

如果負責的職務能為自己加值，同時又能貢獻組織最需要的成果，等於擁有更大量的氧氣，可維持火焰不滅。想像你躲在地下室費盡心力完成了資訊科技專案（或在地下室完成了二十項資訊科技專案），但公司的命脈其實取決於銷售業績，那麼將不會有任何人在意你的成就。

在公認是「無關緊要」的部門而非攸關公司興敗的重要單位中工作，所努力追求的成果，較難得到全公司的矚目。要是你發現自己置身公司中無關緊要的部門，必定要設法轉調到階層相當的其他職務以開展視野，甚或可能需要離開公司，跳槽到自身專業較符合公司發展重點的企業。

稍早提到的3D系統公司總裁暨CEO維邁斯．喬西就是一個血淋淋的案例。任職於惠普公司期間，喬西一度渴望從研發經理調升到影像暨列印單位的研發經理。他已達成所有目標，是大家眼中的傑出同仁。接受績效考核時，他以爲會順利獲得升遷，卻驚訝地發現，結果並非如他所預期。

喬西抱著失落的心情去找單位主管，希望能進一步了解眞實情況，從挫折中成長。「我的主管給了我非常棒的建議，直到今天我還是很常和別人分享。他跟我說：『以你目前的階級來說，光是符合條件及公司對你的期望，還不足以保證升遷。你的實際貢獻必須要能為公司帶來顯著的正面效益，而且核心效益要能創造有意義的價值才行。』」

聽了這席話後，喬西決定接受惠普公司當時「最有價值」的棘手挑戰，也就是掌管列印暨影像事業群。當時的印表機市場發展停滯。即便周遭許多人認爲成功的機率不高，但喬西知道，爲惠普公司的核心單位創造顯著成果，正是他亟需的貢獻。二〇〇〇年到二〇〇八年期間，他運用可擴充的列印技術並將印表機直接連上網路，協助公司發展出訂購制的商業模式，因而在初階產品市場大獲全勝，爲公司架起了成長的跳板。

他的努力爲公司帶來驚人成果：列印暨影像事業群從一百九十億美元成長到二百八十億美元，營運獲利也從一〇%提高到十六%。原本令他沮喪的升遷挫折，成了無價的職場經歷，不僅幫助喬西專心致志於眞正重要的環節，日後更引領他坐上3D系統公司的CEO寶座。

升起營火後，你等於擁有受眾人矚目的絕佳機會。此時若有人問起：**這個人對公司有很重要的貢獻嗎**？大家或許都會欣然給出正面答案。舉例來說，你可能負責執行某項重大計畫（例如併購案），爲整個公司帶來改變，這不僅是磨練工作能力的大好時機，也是提升知名度的絕佳機會。無論你是併購方還是代表被併購的公司，都是如此。若你是被併購方的主管代表，此時可接觸到比原公司職責範圍內更高層的人員；如果你是併購方，併購後的整合工作就是你在短時間內認識整個企業的大好契機，更別說可與企業中最高層的人員頻繁互動。

以適當的方式爭取曝光

1. 主動爭取

想在適當時機受人關注，有件事不得不提，而且這件事簡單到不可置信，我們所認識的很有能力的資深高階主管，也不見得可以全數做到。**你必須主動開口**。

要加速職涯發展，大概很少有其他事情會比主動爭取更重要了。朝CEO或任何類型的領導職位邁進的人，可以透過主動爭取來展現自信與信念。我們研究的衝刺組案例中，**將近六〇%的人曾化被動為主動，在職場上積極爭取下一項職務**②。以下提供幾個積極爭取的典範，這些主角都比預期中更早登上職涯巔峰：

剛出社會時，我還是默默無名的小螺絲釘。六個月後，我向主管自告奮勇，請求負責更多職務。當時，公司必須趁感恩節那個週末，將整條生產線移到另一個廠區。我卯足全力說服主管讓我接下那項任務，因為我知道那是公司當時極重視的重點業務。

公司知道我想擔任負責損益的相關職務，並承諾有職缺時讓我轉調。不過，等了幾個月以後，品管部開了一個權責更重的職缺，能有更多機會和高層團隊互動。我主動爭取。雖然這意謂著我需要更多時間才能如願擔任負責損益的職位，但最終反而幫助我提早當上CEO。

值得注意的是，你必須先擁有優異的工作表現，才有資格開口爭取。如果沒有實際表現背書，大家恐怕會認爲你只是過於自負、自我感覺良好，並非以公司或組織的利益爲出發點。讀到這裡，如果你不禁擔心自己是否有資格爭取，你大概已經符合資格。毫不意外的是，野心太大的人很少因爲過於自負而睡不安穩。

如果不確定自己眞正想追求的目標，該怎麼辦？沒錯，還是開口問。你不必長期堅持同一個目標。考慮其他發展路徑當然沒關係，這是人之常情。這種情況下，不妨發揮你的**決斷力**，選定新目標後就全力以赴，並適時尋求他人協助。你隨時都能調整方向，這是無庸置疑的。

除了開口要求的對象之外，爭取的方式也同樣重要。語氣必須充滿熱忱，但不能聽起來過於激進，彷彿就要不擇手段。向保證人抱怨一堆問題，而不是開門見山地提出請求，是最常見的錯誤。管理上常說：「我不想知道問題在哪裡，只要告訴我解決辦法。」這句話同樣也適用於與保證人的互動。想討安慰，請找朋友訴說。如果面對的是保證人，請提出明確請求，不要大肆抱怨。

提出請求時，除了展現正面態度，也應該說明這與公司和保證人的目標相符，藉此博取對方的支持。**我迫不及待地想朝這個方向努力。為何我能為公司帶來好處、為何我是最合適的人選，理由分別是這些。可以的話，還請多多關照與指教。**

2. 擾亂現況

你或許認爲，可見度高的明日之星個個卯足全力，只爲了設法取悅握有權力的人。事實上正好相反。**我們從他們身上發現一個顯著的共通之處，就是在追求成果的過程中，創造能有所收穫的衝突。我們對衝突時常抱有一種負面觀感，但只要理由適切、方法正確，衝突也可以鞏固人與人之間的關係，同時對個人名譽產生強而有效的助力，賦予你信念與威信兼具的領導者形象。**

怎樣的衝突才算有所收穫？當衝突的目的是要創造結果，而該結果又對企業極具價值時，就是有收穫的衝突。

ＣＥＯ候選人卡莉（化名）認爲，她能在職場上快速崛起，是因爲她願意在需要解決問題時破除階層分野，打破僵化的規矩。剛出社會時，卡莉在德州的電信公司擔任初階網頁開發人員。隨著時間流逝，她愈來愈擔憂公司的網路基礎架構會成爲駭客攻擊的漏洞，使公司資料岌岌可危。當時沒有人在意她擔心的問題，因此她想到一個辦法來表達意見，而且保證有效：下重手。她駭入公司防護措施薄弱的伺服器，證明她的憂慮有其道理。

公司高層勃然大怒，立刻將她開除，但也很快就反悔了。卡莉會出此下策，全是爲了公司著想。此外，他們也意識到，卡莉的詭計可以成功，正好也證明了她擁有獨到的專業能力，必能爲公司建置更周全的防禦系統。公司重新聘請卡莉擔任資訊安全團隊的主管，這個重要的升遷決策將她快速推上職涯巔峰，最後順利入主邊間獨立辦公室，直到今天。

卡莉的本意並非挑起衝突。對於有利於公司的事情，她一向擇善固執，因而成了鎂光燈的焦點。如果擾亂現況的目的，是要帶領組織邁向更光明的未來（亦即爲了完成某件有意義的事，而不得不產生衝突），就能幫助你爭取成爲領導者的機會。然而，若擾亂現況的目的，是要爲自己爭取更好的地位（亦即滿足你的個人野心），你遲早會失去重心而落水，下場落魄。我們見過太多政治操弄的戲碼。這些操弄政治的手段顯而易見，但往往只有賣弄心機的人才會以爲自己掩飾得很好。

最近，我們認識一位野心宏大的財務長傑森（化名）。他積極宣傳自己想接任CEO的意願，經營與四位董事的交情，並委請員工撰寫支持信，助長他的聲勢。他機智過人、擁有強大的商業直覺，專業形象也不在話下。升遷機會似乎已經手到擒來，不過最後他還是玩火自焚了。傑森為求表現並進一步鞏固升遷機會，決定在未告知現任CEO及董事會的情況下，擅自協商重大併購交易。他辯稱公司的發展太慢，趕不上他眼中千載難逢的大好機會。對此，董事會認為他藐視規定、越俎代庖，一週後就開除了他。

「幸好沒有讓他當上CEO！」一位董事後來告訴我們。「他一心一意只在乎個人的職涯發展，完全不顧公司利益。」

問題來了：該怎麼具體表現，你的所作所為在別人眼中才會是對集體有利的重大貢獻，而不會遭致誤解，認為你是為了自我行銷而不擇手段？下一節我們會回答這個問題。只要記住一個原則：若在打破現狀後感到不安，該方法或許就不是有利於爭取CEO職位的理想選擇。

自私自利的地雷人選

最近，金和一位叫菲爾（化名）的高階主管合作，得知他在公司下一任CEO的候選名單上。第一眼見到他時，金就覺得他是完美人選。他在每個職位上總是達成設定的目標，甚至表現超乎預期。他在當時市值數十億美元的營建暨基礎建設公司中，成功完成了複雜的併購整合專案。他極富個人魅力，口中對未來的願景令人嚮往。表面上，他完全就像是公司值得引以為傲的傑出領導者。很可惜的是，凡是和他緊密共事過的人，都會見識到截然不同的一面。菲爾全心全意追求個人成就，成功在他眼裡比什麼都重要。他「成功」出征的路上，總是留下殘破敗壞的風景，人仰馬翻。需要別人出力協助他達成個人目標時，菲爾總是笑臉迎人。一旦他想要的東西到手，就算在走廊上正面巧遇，他也不會打招呼。他從不為其他人的計畫盡心盡力，禮尚往來。如果眼前的事務與他的利益無關，他便拂袖而去。一陣子後，他自私自利的事蹟就傳得眾所皆知，團隊的靈魂人物開始離他遠去。當他的公司委派我們評估幾位CEO候選人時，菲爾從整個執行團隊拿到的評分在所有人選中墊底。董事會注意到這個現象，最後將菲爾從候選名單中剔除。

自私或露骨的自我行銷，有助於在短時間內拔得頭籌，但長期下來可能會招致反效果。「討好上司，欺壓下屬」並非理想的長期發展策略。董事會希望找到的CEO，是要能站在公司的立場展現積極進取的野心，而不是為了個人發展或顧及自尊。

3. 言行名符其實

假設你願意當個反骨的員工，該如何說服他人接受你的看法，才能免於慘遭圍剿，被貼上霸道、難搞等標籤？最重要的關鍵顯而易見，就是你的想法必須帶來你所保證的結果。漂亮的成績單可以幫助你擁有信心，不過要有具體成績，通常需要時間。第二種鞏固自信與想法的作法，在於言行必須名符其實。

我們最近評估的高階主管弗萊德（化名），就擁有豐富的衝突事蹟，而且乍看之下，這些衝突幾乎都讓他面臨捲鋪蓋走人的命運。舉例來說，任職於銷售部門時，他就曾因為人事決策而向主管據理力爭，還向主管全力爭取幾項重大營運改革，他認爲這能促使公司進步，不得不實施。這些事項他有權限干涉嗎？沒有。那主管接納他的意見了嗎？不只接受，而且還照做了。

爲什麼？首先，弗萊德執意推行的改革確實有效，他藉著推動改革方案提高了營利。但在證明方案會成功之前，他必須先說服主管至少讓他試一試。他不斷放低身段尋求建議，在可接受的妥協範圍內降低衝突強度：「給我六個月的時間嘗試，如果失敗了，就照你的意思去做。」他得到主管的同意，以低風險的方式測試自己的想法是否可行。例如，先在一個小型銷售團隊中調整業務獎勵方案，獲得初步成功後，他才獲准擴大實施範圍，將改革方案套用到負責銷售最賺錢產品的團隊。他最激烈、最具侵犯性的舉措，總是能爲公司創造相對應的獲利，證明其自身的價值。他認爲，創造價值及打造永續發展的企業體質，是在職場上登峰造極的最佳途徑。

弗萊德表達及溝通的方式，激發了他的自信。他做得很好的地方，正是指導過無數CEO、皇室成員及政府高層官員面對觀衆的知名演講專家琳達．史碧蘭（Lynda Spillane）曾提出的「公開演說的雋永姿態」（permanent public speaking mode）。做到這一點，就能成功塑造出高階主管的架勢，幾乎毫無例外。根據史碧蘭的說法，高階主管的言行符合下列原則時，就能展現堅決的態度及能者的風範：

- **稍微提高音量**：這能即刻表達權威、能力及自信，不管當事人是否眞正具備這些條件。
- **稍微放慢說話的速度**：這是體貼聽衆的舉止，能給聽衆多一點時間消化訊息。這也顯示講者認爲自己値得占用多一點時間，算是自信的另一種表徵。
- **熟練地運用停頓技巧**：具有高階主管架勢的人，偶爾會刻意停頓來釐清細節，有時則是營造戲劇效果。
- **每個字都是重點**：在美國，我們通常會用平常三倍的字數詳細闡述一個論點。愈少冗字贅詞，聽衆愈需要專心聆聽。
- **抵達現場前，就先想好引言及結語**：一開場就要表現得四平八穩。「早安」和「午安」是所有演講者的習慣，屢見不鮮。優秀的CEO會設法讓聽衆對他們本身和論點內容印象深刻。
- **不斷尋找線索，確認聽衆的投入程度**：這樣他們就能根據現場反應，適時調整表達方式。
- **自成一格**：史碧蘭總是說，最厲害的CEO「有自己專屬的一套方式，誰都學不來」。

從經驗中可以得知，高階主管的架勢可以透過練習和努力發展而來。很多時候，只要多點自我察覺的能力及培養更多有用的習慣，就能達到這個目的。

★★★

話說回來，如果能以適當的方法吸引合適對象的目光，也是在職場上提早攻頂的一種辦法。我們再回到克里斯的例子。他聽了艾琳娜的建議之後，重新調整了時間分配。他加入產業委員會，除了藉此增加能見度，也多接觸可能為他創造CEO任職機會的各方人士。他把身邊可徵詢意見的友人集結成「智庫」，幫助他朝CEO職位邁進。他主動接觸相關產業的私募股權公司，而且最重要的是，他花更多時間拓展交際圈及與人談論他想追求的機會類型。在這段期間，曾有兩個CEO職缺找上他，可惜都不甚合適，直到有一天，一位之前認識的招募人員與克里斯聯絡，才幫助他找到完全契合的工作機會。艾琳娜最近一次見到克里斯的時候，他剛以CEO的身分出席了產業大會。他告訴她：「我一向崇敬這些大人物，現在我們總算可以平起平坐了。」

評價效應

這年頭，隨著玻璃門、推特（Twitter）等各種步調快速的社群網站大行其道，個人因此可以迅速累積聲譽，而且長期積累下來的名聲可能難以撼動。我們見過一些職涯案例表面上看似犯了點小錯，實則賠上了未來。與其事後努力洗刷名譽，平時就避免犯下這些錯誤，顯然容易得多，其中幾個最常見的過錯包括：

- **對接待人員、行政助理等普遍認為地位較低的人無禮**。一旦發生這種情形，他們會告誡身邊的朋友，盡量避免與你接觸，最後廣為流傳。優步公司（Uber）的CEO特拉維斯．卡拉尼克（Travis Kalanick）就為此付出了慘痛的代價，因為他在側錄的影片中，毫不客氣地斥責自家司機。這部影片一上線，社會大眾開始注意到一個牽涉範圍更廣的問題，也就是惡意的工作環境。這甚至迫使卡拉尼克在二〇一七年火速請辭③。

- **諂媚握有權勢的上位者**。有自信的領導者對警衛和CEO一樣尊重，同樣謙和有禮。
- **習慣在小地方流露出不尊重他人的態度，令人嫌惡**。有個領導者遲到成性，惡名昭彰。她的管理團隊始終覺得不受尊重，間接導致整個團隊的忠誠度和士氣低落。
- **在人前發脾氣或情緒失控，尤其是鮮少見面的人**。虛擬團隊和遠距離關係很難經營，每次的互動免不了會被放大檢視。氣氛不悅的互動經驗總能留給大家深刻的負面印象，遲遲難以抹滅。
- **在活動中忽視同事的另一半或兒女，或對其表現出高人一等的態度**。
- **在社群媒體上展現拙劣的判斷力**。隨時自我警惕，你在電子郵件、推特或任何社群平台上發布的內容，未來的老闆都會看到。你在網路上的言行舉止，能證明你具備當CEO的條件嗎？

重點回顧

❶ 職涯成就＝創造成果×吸引目光，兩大要素缺一不可。
❷ 用心經營與主管及其上司的關係。
❸ 積極經營保證人關係。
❹ 盡量廣泛地認識及接觸重要人物，以免存在感不足。
❺ 主動開口爭取。
❻ 擾亂現狀，以公司所能獲得的好處為出發點。
❼ 言行舉止要有高階主管的架勢。

Chapter 8 成功錄取

死亡會是一大解脫，到時就不需要擔心訪談了。

——凱薩琳・赫本（Katharine Hepburn）

恭喜，你擠進名額有限的候選名單了！現在，你唯一要做的就是通過最後一道關卡：**如何在參加CEO或其他職位的面試時說服決策者，讓他們相信我是最佳人選**？

這是每個人心中的疑問，不管在什麼地方，只要曾經找過工作，難免會渴望知道答案。但如果你的目的是要提高成功機率，這個問題其實搞錯了方向。假如你順利來到遴選的最後一關，代表你已具備雀屏中選的價值。那麼，還需要擁有哪些條件，工作才能順利到手呢？

在第三章，我們討論過了解他人觀點的重要性，現在該付諸行動了！**想在面試中出線，不該只在意面試官能為你做什麼，而應該問問自己能為面試官帶來什麼。**若無法深入理解面試官的思維，要從眾多競爭者中脫穎而出，簡直是在癡心妄想。

不得不遴選下一任CEO時，董事會普遍的心態大致會是這樣：

> 喔，老天！這感覺風險好高，讓人極度不安！雖然尋找新CEO的情形不常發生，但公司聘請我們的目的，就是希望借助我們的專業意見，找到合適的人選。只是這種決定公司命運的經驗，我們大多只經歷過一次，最多就那麼一次。這是身為董事唯一、也是最重要的責任。……我們想找新人選已經講了好多年，現在終於不

得不做出決定，而且是異常重要的決定！

要是我不幸需要負責換掉不適任的CEO，並找到一個可以收拾殘局的合適人選，會讓我很焦慮。幸好我很幸運，公司目前的CEO表現很好。反觀如果我們挑錯人，除了代價龐大，我們也會顏面盡失，因為這很明顯是我們失職，把事情搞砸了。

在某些數一數二的美國大企業中，董事會應該都早已擬定接班計畫，但即使是那些比我更優秀、成就比我高的董事，還是有五〇%的機率會選錯人，像是惠普、迪士尼、寶僑……

這是一場賭注！要是決策錯誤，公司營運和我自己的名聲都會一起遭殃。這就像是拿真槍玩俄羅斯輪盤。

各位未來的CEO，這就是你們必須面對的現實。事實上，人力資源經理在物色任何職位的人選時，或多或少都會面臨這種焦慮：時間緊迫，但放眼望去找不到合適的完美人選。他們賴以生存的專業決策能力，此時江郎才盡。失敗的機率太高，令人侷促不安，而決策錯誤的代價又高得難以想像，不得不慎。

就聘人這方面來說，決策者一般傾向**打安全牌**，這比什麼都重要。我們的論點是：擺脫你以個人至上的思維，忘掉有關如何證明自身價值的那些擔憂。**安全感**（以及給予決策者安全感的方法），才是讓你夢想成眞的關鍵。

如果你過去二十年來甘願犧牲寶貴睡眠，一心爲了成爲「合適人選」而努力不懈，才能順利擁有現今身爲高階主管的成績，上述概念對你來說或許不容易接受。統計上，只有一項具顯著性差異的變數可以提升受雇機率，**同時**顯示你未來能勝任CEO職位。這項變數就是**穩定性**，**沒有**其他要素擁有同樣的特性。一次又一次地成功滿足他人的期許，能給予決策者安全感，使其認爲你日後也能同樣穩健地創造成果。這樣的安全感會促使他們將賭注壓在你身上，增加你雀屏中選的機率。

最近，我們受一家發展極爲成功的投資公司委託，協助他們遴選下一任CEO，以因應規模龐大的收購計畫，被收購方是一家抵擋不了新競爭對手的攻勢，市占率節節敗退的消費者服務公司。該公司的主要投資人年輕有爲，成就輝煌。截至目前爲止，他彷彿擁有點石成金的超能力，所資助的計畫都能一飛沖天，但他最大的投資其實奠基於懸崖上，令人怵目驚心。對所有利害關係人來說，財務和名聲所承受的風險極高。在遴選過程中，投資人對於公司需要的人才條件，始終未能取得共識，但有沒有什麼篩選條件是全體一致認同的呢？「給人安全感。」對他們來說，「安全感」代表人選必須擁有亮眼的履歷，且必須經過龍頭企業（家喻戶曉的大公司）的洗禮。在投資人眼中，曾領導市值五十億美元的部門主管，勢必有能力勝任八億美元的事業單位。

但我們認為，曾待過大企業的人並非安全人選。這家投資公司只有中等規模，我們建議投資人考慮幾位決策果斷、執行力強的候選人，他們都曾任職於規模不相上下的公司且表現不俗。後來，投資人憑著「金牌履歷」的原則選出下任CEO，但我們心知肚明，這位領導者想要翻轉公司現況，還缺乏好幾項重要能力。最後，我們的建議付諸流水，未能獲得採納。

前一陣子，某位在業界頗有份量的董事與CEO對我們坦言，「事實就是，董事會只想找個乖乖牌，條件最好的人不是他們的首選。」為什麼？因為條件最好時常意謂著定性不高，大部分董事會不願意承擔這種風險。

一年後，我們接到同一家投資公司的電話，電話那頭的投資人說：「艾琳娜，妳當時說對了。我們請來的這個傢伙進度太慢，小公司經不起現金不斷流失。都一年了，他甚至還沒改組團隊，也沒出門見過客戶。他的確很聰明，但若沒有完整的資訊及大企業的豐富資源，就不會做決策。現在我們又回到原點，需要重新找新的CEO了。」

總歸一句：**企業會因為你未達預期成果而開除你，但也會因為形象符合而聘請你**。不管你是否擁有完美的出身背景，本章將教導你正確觀念，幫助你在爭取夢寐以求的工作時順利獲選。

當個快樂的職場鬥士

比爾．弗萊（Bill Fry）爲任職過的公司，創造好幾千萬美元的價値。即使遇上經濟衰退，他也帶領吸塵器公司奧雷克（Oreck）在逆境中成長，這並不是簡單的事。在這之前，他引領安全帽製造商貝爾體育（Bell Sports）完成重大收購案，接著順利完成企業整併。步入職場之前，他拿著大學儲備軍官（ROTC）獎學金進入密西西比大學就讀，之後在美國海軍服役八年。弗萊的思維敏捷，擁有高度競爭力。聽起來相當傑出，對吧？「他一定是個拘謹的人！」艾琳娜在與他見面，評估他是否適合出任奧雷克的CEO之前，暗自心想。

兩人見面才一分鐘，艾琳娜就徹底推翻了上述的假設。弗萊散發一股「沒問題，都可以」的隨和氣質，很容易讓人放鬆。他說話時看著對方、提問時態度和善，謙遜有幽默感，沉穩中不失自信。不論面對的是CEO或郵局櫃檯人員，他總是用心聆聽，給人備受尊重的感覺。弗萊的工作能力很好，這一點無庸置疑，倘若他不是超級大好人，說不定你對他的印象不會這麼好。

之前，我們曾經警告過你，當好人CEO的缺點。亟欲完成工作卻又過度注重他人感受，無助於追求工作成果，甚至會害你丟掉工作。但人生處處有驚喜！這種特質的確能幫助你拿到工作！光就面試而言，好人通常可以率先成功達陣。

董事會（以及廣泛定義上的面試官）不斷在挑選人才時，過度強調「軟技能」的重要。平常在約會時吸引對象的行爲舉止，有可能在工作甄選中創造優勢嗎？董事和企業領導者對處理大部分企業問題都很有一套，但在選人才時，他們的決策時常受直覺嚴重牽制，因此，他們往往會選擇慈眉善目的好人。

史蒂文．卡普蘭和莫頓．索倫森這兩位教授所分析的兩千六百名候選人中，愈討喜的領導者，愈有可能成功獲得領導職位，而且**所有**職位都有這個現象①。他們不一定是最優秀的人選，但都是競爭者中最和善親切的人。賽仕公司的分析發現，高度自信的候選人，受面試官青睞的機率是其他人的二．五倍②。**擁有討人喜愛和自信等優點，無法為實際表現帶來任何優勢，但絕對有助於你成功獲得工作。**

弗萊就像一個「快樂的職場鬥士」，個性討喜又散發自信。他很有信心地說：「我熱愛幫助他人解決問題。我之前曾主動伸出援手，不僅成功完成任務，也愛上這種感覺，因此很樂意再次為人效勞！」這類領導者細數最困難的專案及決定時，舉手投足之間往往會流露喜悅、熱忱及正能量。換句話說，他們同時展現了情緒和務實面的安全感。等他們離開現場後，你很確信自己遇見了快樂的職場鬥士，並且迫不及待地想將工作交付給對方。

最後雀屏中選的人，通常不只擁有令人敬佩的實力，更散發一股真誠的溫暖氣質。優秀的受試者會在走進現場時觀察周圍的氣氛，給予相對應的表現。他們會仔細注意自己的肢體語言，留意自己說出的話引起了什麼反應：面試官是否眼睛爲之一亮？他們是否顯得猶豫不決？有沒有一直注意時間？一言以蔽之，你的目標是要與對方建立良好的互動關係，給他們安全感。

或許你和那些即將決定你命運的面試官毫無相似之處，例如你們畢業的學校不一樣，喜歡的運動也不同，但如果你能給他們更多安全感及活力，得到工作的機會就會提高。

言談之中流露安全感

董事會和其他利害關係人會在一連串的面試過程中，決定你是不是他們的下一任CEO。很可惜，面試的本質就是一場刻意安排的對話，不僅雙方都有壓力，也有時間限制，最容易從中獲得各種荒謬至極的偏見。徵才的職位愈高，面試現場的壓力愈大，效果愈差。刮鬍刀品牌吉列（Gillette）和休閒食品公司納貝斯克（Nabisco）前任CEO暨十七家公司的董事吉姆．基爾茲（Jim Kilts）形容得最貼切：「你不會因為一場面談就爭取到CEO工作，但只要一次表現不好，就足以失去角逐的機會。」

所以，面談過程中該怎麼避免踩到地雷？我們用賽仕公司的文字探勘軟體處理了兩百一十二名CEO受試者的逐字稿，從上榜者及落選者的言談中，尋找規律的語言模式。

我們從中發現幾個**隱藏缺陷**：這些表面因素對日後CEO的實際表現沒有太大關係，但可能引發面試官對受試者的偏見，進而影響錄取機率③。

●外國口音

若是應徵美國公司的CEO職缺，每十二位講話帶有明顯腔調的候選人中，就有一位（！）**屈居劣勢**。沒錯，即使到了二十一世紀，企業界斥資數十億美元營造多元化環境的現在，內團體偏誤（in-group bias）依然占有重要地位。偏見固然不可取，但更糟糕的是，隨著你在職場上愈爬愈高，縱使你是世界上最聰明的人，他人對你的能力還是會因爲你的口音而打折扣，而且沒有人會誠實告訴你這個事實。坦白說出這一點不僅不禮貌，甚至還很危險。

成爲高階主管之後，如果有人建議你加強「溝通技巧」或「高階管理者的形象」，請謹記下列訊息。這些評論很有可能只是出於禮貌的含蓄說法，其實裡面隱含更深一層的涵意。雖然當事人時常認爲「這不是什麼大事」，但就我們見過的案例，這往往會變成職涯發展的一大阻礙。

如果你是外國移民，希望有朝一日能掌管一家公司，但你的籍貫在企業高層實屬罕見，那麼在升遷過程中，請設法改善有稜有角的外國口音。琳達．史碧蘭曾幫助許多資深的高階主管矯正腔調，讓口音從缺點變成一種優勢。根據她的說法，在家講英文是減少外國人口音、練習母語人士腔調最快速的途徑。

●賣弄詞藻或矯揉造作

除了口音是一種缺陷之外，過度修飾的語言也是。在面試官面前炫耀艱澀用語，並不會增加錄取的機會。

若候選人使用較爲深奧、傾向知識分子或「象牙塔人士」常用的詞彙，**不受青睞**的機率是其他人的八倍。反之，若講話較爲口語（像是使用「一根腸子通到底」之類的生動形容法），**享有錄取優勢**的機率會是其他人的八倍。在我們的經驗中，貼近普羅大衆的敘述方式，普遍比咬文嚼字的學院派更有利。

●管理學陳腔濫調、縮寫和諮商用語

一味堆砌行話，對面試毫無助益。金曾面談一位候選人，他在過程中不斷說著「這完全是廣泛性的問題」、「我喜歡提升別人」等字詞。問題是，他似乎認爲，不斷重複這些字詞，就不必提供可量化的確切案例來佐證他的說法。

使用一般詞彙，可能會面臨權威感不足的問題，也可能致使董事會產生不確定性偏誤（ambiguity bias），亦即傾向避免未能完全掌握資訊重點的人選，而且這類詞語還會進一步導致可信度不足的問題。因此，請務必使用精準的字詞和範例。

●「我們」和「我」

領導是一種團隊活動，目標是在「我」和「我們」之間找到平衡。在評量人選的面談中，所有候選人談到個人成就時，「我」的使用頻率通常比「我們」高。但在這些人之中，實力最弱的候選人使用「我」的次數是其他人的兩倍。優秀的候選人很清楚個人貢獻的分際，因此會有意識地避免過度使用「我」。比起不斷自我稱讚、細數功績，有些人會選擇另一種表達方式——「團隊表現超乎預期時，就是我最自豪的時刻」，然後他們會清楚解釋自己在團隊成就中扮演的角色。這樣反而會讓面試決策者留下更深刻的印象。

有趣的是，紐約大學研究人員比較資料庫中男女候選人的語言現象後，發現最後獲選爲CEO的女性比男性使用「我」的頻率略勝一籌④。這些成功當上CEO的女性，很自然地分享自己的成功歷程，但使用「我」與「我們」的比例又不至於敲響警報。她們似乎知道，董事會和企業老闆早就抱持先入爲主的態度看待她們，認爲她們適合擔任明星球員勝過主導攻勢的四分衛，因此有必要在面試時適度塑造權威形象。

不管男性或女性，建議可以分享你曾幫助他人成功的經驗。你大可誇耀團隊、良師益友和老闆，如此一來，董事會聽到有關你個人貢獻的部分時，就會將其視爲事實而不是自大的表現，並欣然接受。這種方式可以凸顯你的威信，同時也能展現你夠謙遜。

最基本的一點，面試**不是**詆毀老闆或同事的場合。如果面試官發現你出現這類行爲，就會預設你在別處也會如此。相信你會希望別人眼中的你是可以勇敢承擔錯誤，努力尋求解決辦法，而不是那種一味卸責的領導者。此外，你未來的老闆也會合理懷疑，哪天**他們自己**難保不會成了你口中的犧牲者！

印象深刻且緊密相關

出類拔萃的候選人都如何確保他們的訊息能順利傳達，成為他們邁向新工作的墊腳石？答案是，他們的職場經歷和陳述的細節之間緊密相關，而且令人印象深刻。「緊密相關」能產生安全感——我有相關經驗，而且表現不俗，所以出色的工作成果絕對可以預期。「印象深刻」則能讓面試官對你念念不忘。

如果你希望別人認真聽你說話，你需要先知道他們對什麼話題有興趣。面試前，請盡可能提早準備，鎖定「人」和「事」充分做好功課：預計由誰面談？他們需要你幫忙解決什麼問題？

有一次，一位企業董事告訴我們，他親眼見過求職者花了大把時間侃侃而談自己的經營理念，認為公司不應該按照原定計畫首次公開募股，而應該另謀出路。聽到這裡，那位董事不可置信地搖了搖頭。那名面試者針對資本結構的優勝劣敗，提出不少令人印象深刻的論點，然而問題在於，他面試的職缺是人力資源主管，不是公司的CEO。他一定以為自己淵博的財務知識，能幫助他從眾多競爭者中「脫穎而出」，事實也的確是如此。面試人力資源職缺，卻對人力資源領域毫無想法，是面試官在事後對他的印象。董事會最後判定他不是合適人選。
釐清與職缺緊密相關的面談內容之後，該怎麼讓資訊進入別人心中，留下深刻印象呢？
以下提供幾種我們見過特別有效的方法：

●提出別具意義的數據

沒有梳理出脈絡的資料，就如同未深入解析的資訊一樣。不管你提出多麼豐富的數據，只像是會講話的報表，不會引起任何人的興趣。將過去的豐功偉業化為數據後，請務必記得詳加詮釋：「我任職於以往所有職缺期間，都如期達成了設定的目標，但就只有那份工作，我繳出高於目標二〇%的亮麗成績。」提供對照組，像是最終績效與目標之間有何差距？與前年、同仁和競爭對手比較又有什麼結果？「二〇〇八年，我們的營收維持在差不多的水準，而且獲利有所成長，同期有三分之一的競爭廠商支撐不住而倒閉。」提出量化數據時，你最具優勢、最搶眼的大標題會怎麼下？

●述說真誠生動的故事

曾獲得業界大老認同的故事，必能同時創造「黏性」（印象深刻）及安全感。如果你的履歷上沒有閃閃發光的「品牌名稱」，這會是不錯的替代方案。幾年前，艾琳娜評估了一位人選，向企業強力推薦。當時對方說了一個故事讓她記憶猶新，故事大綱是沃爾瑪公司創辦人山姆・沃爾頓親自上飛機，遊說他不要離職。艾琳娜後來會大力推薦這位人選，是受這個故事所影響嗎？很明顯的，這在她心中留下了深刻的印象。如果你的故事與眾所皆知的傑出名人搭上邊，敘事生動又獨具意義，面試官通常很容易記得。你拿過什麼獎項嗎？不妨提一下！

●分享從失敗中得到的收穫

在面試中固然要暢談個人優點，但別畏懼提到失敗和犯錯的經驗。誠懇述說彌補及學習的歷程，或許能帶來無比驚人的正面助力。根據我們的研究，正面看待失敗的CEO人選，在統計上較有機會獲得推薦⑤。不過要記得，故事不能在一片斷壁頹垣的景象中落幕。你必須說明得到的收穫，以及從此之後做事方法有何改變。

我們參與過的面試時數，少說數千個小時，而我們在現場聽過最難忘的經歷，恰巧就是最不幸的故事。有一位CEO候選人生動且鉅細靡遺地分享了他在航空公司培訓機師的經驗；那時，有個新手受訓員操作不當，造成飛機墜毀在機棚上。他對當時的危急情況和燃料引發大火的描述栩栩如生，我們滿心期待他會分享那次經驗帶來的收穫，但他完全沒有著墨。幸好，那次只有企業本身遭殃（損失超過百萬美元），並未造成任何傷亡。後來，他又提到自己在職場上犯過的錯，精采程度不減，態度也坦率真誠，但他同樣沒有清楚說明從過錯中學到的教訓，難保日後不會重蹈覆轍。結果面試結束後，所有人只記得那場墜機意外。

再次重申，將近半數的CEO候選人都曾經在職場上犯過一、兩次大錯，但他們並未因此失去企業主的青睞⑥。差別就在於，你在失敗當下如何堅守職責、如何傳達你從中得到的收穫，以及在領導生涯上有何轉變。

想在面試中製造無法抹滅的記憶點，還有另一種方法：**用心經營「頭尾」**。面試前，認真練習要講的內容。熟記你要著墨的細節，尤其是「頭尾」。面談一開始及結束前幾分鐘（也就是你登場及謝幕的方式）最容易形成記憶點。設法讓這些時刻與眾不同。你的言談、聲音和手勢都必須傳達這個訊息：「我是正確人選，我準備好了，我不會讓你失望！」換句話說，你是安全的選擇。

主導局面

既然你已費盡千辛萬苦抵達這個階段，與其任由面試官的用人風格和能力決定你的命運，不如主動開創格局。

全球備受歡迎食品品牌的CEO胡安（Juan）曾經與我們分享他獲聘的經驗。公司董事會預約了一家義大利餐廳，重點是他們不只預訂一張餐桌，而是**包下整家餐館**。當他進入光線昏暗、空無一人的餐廳，走到所有董事所坐的餐桌時，每走一步，他就愈覺得氣氛緊張。

午餐席間，董事會向他展開猛烈的問題攻勢，不只隨興切換不同話題，每位董事也隨時會插上一、兩句個人看法。胡安努力跟上他們的節奏。雖然他們似乎很滿意他的回答，但他離開那家餐廳後，深深覺得當時的回答無法傳達一個全面又令人信服的概念，不足以說明他爲何適合擔任公司的下一任CEO。那頓午餐有種說不上來的奇怪氛圍，餐桌上的交談從未眞正活絡起來。他滿確定大概不會有下文了。

意外的是，他竟然受邀進行第二輪面試。這次，他向現場幾位受公司委託的顧問簡報後，決定採取不一樣的面試策略。他主動掌控局面，不再被動等待**他人**主導話題。他開誠布公地展現自己的能力：**我有這些經歷，貴公司目前面對這些市場機會，所以我打算這麼處理**。那天，公司當場就錄取了他。

成功的面試介於這兩種極端之間，面試者與面試官雙方彷彿在拉扯間尋求一種細膩的平衡狀態。當然，你不能完全控制場面，這會剝奪董事會的權威。不過，如果你能適度引導，把你的一切告訴他們，同時敏銳觀察他們的疑慮並予以回應，就能有效提升成功機率。

走進現場的那一刻，你就得明白自己希望對方從面談中得到哪些資訊。你想要他們知道你的哪些事情？對你留下什麼印象？若只是被動地回答問題，等於將命運交給別人主宰。運用**從交際中創造影響力**的能力，思考你希望這場面談帶給他人什麼想法和感受，進而觸發哪些後續行動。在此基礎上，簡單列出三個有助於達成上述目標的話題，並爲每個話題附上生動的案例。萬一面談過程不太順利，可以稍微介入引導方向，創造機會談論自己設定好的主題。

即便清楚知道自己能爲職位做出哪些貢獻，以及日後能爲公司帶來哪些成果，還是難免會發生未獲錄取的結局。不是每場面試都能百戰百勝。這不代表失敗，反而證明你採取的策略已經奏效，只是遇到了不適合你的職缺而已。記住，唯一比沒錄取更糟的情況，就是拿到一份不適合的工作。

道格．希普曼是全美第三大藝術中心「武德洛夫藝術中心」的館長暨CEO。他在阿肯薩斯州郊區長大，出社會後進入首屈一指的管理顧問公司波士頓顧問集團（Boston Consulting Group）工作，出差到世界各地，之後更擔任全球創意諮詢公司亮企（BrightHouse）的CEO。

在特有的興趣和經歷方面，希普曼比大部分高階主管更懂自己，自認不是每個CEO職位都適合。因此，過去每個洽談CEO工作的正式場合中，他總是有意識地選擇主導局面。每次面試結束前，他都會清楚告知董事會，自己能提供的優勢。他這麼做的目的，是要確定董事會的期望與他的計畫之間沒有距離。有一次，他甚至寫了十頁筆記，精準說明自己要怎麼帶領組織前進。

在五次爭取CEO工作的機會中，他一共得手三次，失敗兩次，而且所有結果都是合情合理。希普曼的心得是：「你得在面試中就展現領導風格。你必須設立正確的期望。」

CEO面談的重點話題

如果以下有任何項目適合你的情況，請務必列入面試的準備重點。董事會很樂意在CEO人選身上見到下列特質：

- **具備相關業界經驗**：沒有哪句話會比「我有相關經驗」更能讓董事會感到安心。擁有相關產業的經驗能提高你雀屏中選的機會。即使在業界累積了非直接相關的經驗，也記得稍微提到。
- **當一位發號司令的將軍，而不是受指揮的步兵**：務必強調你主導重要改革、為公司設定目標及策略的經驗。董事會希望看見你為企業設定方向的能力，而非只是執行上位者的指令。
- **擁有精準的商業嗅覺**：二〇一三年，艾琳娜是西方牙科公司的董事之一，這是一家供應實惠牙齒醫療服務的公司，在超過兩百個據點為數以千計的患者提供服務。投資人極度希望公司換上新的CEO。篩選候選人時，當時的執行長湯姆．艾瑞克森（Tome Erickson）不斷地思考一個問題：這個候選人全盤了解公司業務嗎？他可以在衆多分歧的意見中釐清領導方向嗎？艾瑞克森預設的理想CEO，是要能通盤掌握整家公司，了解所有影響因素。懷抱著華而不實的願景，但實際上只有區域經理的格局，並非他的獵才條件。

四大類型：這份工作適合你嗎？

緊張刺激的時刻終於到來。你渴望任職的公司打電話來通知錄取結果，聘書近在眼前，你的腎上腺素不斷分泌，甚至高興得想在辦公室內跳起舞來。（別擔心，我們會陪你！）

現在，你必須面對最艱難的決定：**不論是新任CEO或任何階級的領導職，成功的首要因素很簡單，就是選擇合適的職涯機會**。我們協助高階主管取捨重要的職涯決策，已有超過二十年的經驗，在這些案例中，我們發現左右決策的因素有三項：一、不管有沒有你加入，企業（或部門、團隊）有任何成功的機會嗎？二、你的優勢真的符合對方需求嗎？三、你的領導作風和理念，能與企業的情勢和文化契合嗎？

別因為是CEO職缺就毫不考慮地接受。你務必找到符合能力、優勢和理念的工作，再點頭答應。

暗示你別貿然答應的幾個現象……

- 直覺告訴你不要。撇除CEO的頭銜不說，你對自己在這個職位或公司的定位不明。
- 沒有可信的跡象顯示公司體質健全或可以挽救。
- 不清楚上一任CEO辭職或遭開除的原因。
- 沒有聘請及開除員工的權力。
- 與一或多位重要董事不對盤，而且對方不太可能卸任。
- 無法全面掌握公司的財務狀況（尤其是現金部分）。
- 必須大幅改變自己才有機會成功。

之前提過的珠寶公司約翰哈迪的執行長羅伯特．韓森，就曾經跟我們坦承，他的第一份CEO工作根本不適合他，而且在接受聘書之前，他就心知肚明。那時，他定居在舊金山，擔任全球知名服飾品牌利惠公司的總裁。跟他洽談的是美國飛鷹（American Eagle），他們正在尋找一位可以重新振興品牌的CEO。

「記得有一次我站在匹茲堡的飯店房間內，望著窗外的河景，一邊跟我的伴侶說：『這份工作不適合我。』。」直覺告訴他，再怎麼覺得公司有必要推行哪些改革，創辦人還是不會認同。韓森骨子裡終究是都市人，熱愛之前在舊金山的都會生活，匹茲堡並不適合他。問題是，韓森自認爲已經做好準備，渴望擔任CEO並大顯身手，這樣的機會並不是天天都有，所以他無視心中的疑慮，硬是接下了這份工作。不到兩年，工作合約還沒期滿，公司內部果然出現了許多他在簽下聘書之前就曾經擔心過的問題，最終他還是選擇離開。

我們分析了超過七十個CEO遭開除的案例，發現有將近四〇％起因於工作本身不適合當事人⑦。記得麥可．喬丹曾試圖打職業棒球嗎？最後的結果不甚理想就是了。你或許已經是世界級的運動選手，但如果想在球場上完全發揮實力，記得要選對項目。如果董事會希望你穩健地引領公司筆直前進，你卻加速改變方向，那你的麻煩可就大了；如果你的目標是在十年內帶領公司成長到市值十億美元的規模，成爲業界龍頭，但董事會要你整頓企業，在一年半內賣個好價錢，那你的麻煩可就大了。同樣的道理，你可能曾經靠著睿智的行銷及銷售策略，成功讓品牌起死回生，後來卻不小心進入營運面臨嚴重問題的公司，最後會一敗塗地也不令人意外。

那麼，要怎麼知道適不適合？我們在評估及指導過數百名CEO後，整理出四種常見的類型。大多數領導者不會只符合一種類型，但可以清楚歸類於一至兩種類型。同樣地，公司的新任CEO可能需要具備多項能力，尤其任職時間一久，要求的能力愈多，但該職位終究還是可能傾向於其中一種類型。同一名候選人或許是A公司的理想CEO人選，但其能力說不定不適合領導B公司。

你是哪種類型？認清自己所屬的類型，或許能避免接下不適合的挑戰。

1. 展翅翱翔的老鷹

這種CEO的創意和創業精神高深莫測，通常會以積極追求企業成長爲目標。他們普遍擁有優異的**調適力**和**決斷力**，有時稍微缺少一點**沉穩可靠**的特質。他們天生喜歡瞬息萬變的產業，高成長表現的小型公司是他們的就業首選。一般來說，他們比較擅長創造大膽的突破機會，不仰賴可預測的方法按部就班地擴展事業規模。許多創辦人和企業家都是這種類型。特斯拉公司（Tesla）的執行長伊隆・馬斯克（Elon Musk）就是典型的「老鷹型」CEO，他的旗下公司SpaceX是在殖民火星的願景下誕生。

伊娃・莫斯柯薇茲（Eva Moskowitz）是另一個例子。身爲女強人的她，一手創辦成功學院特許學校（Success Academy Charter Schools），從哈林區的單所學校開始經營，目前已發展成紐約市規模最大的特許學校體系，四十六所分校共有一萬五千五百名學生。縱使遭遇工會的強力反對、與市政府的溝通瓶頸、死亡威脅及數不盡的阻礙，但在璀璨願景的激勵及鼓舞下，莫斯柯薇茲成功建構了公立學校系統，大多招收低收入家庭的弱勢孩童，以隨機抽籤的方式決定註冊學員。現在，這些學校已成爲紐約州學生表現數一數二的明星學校。

2. 精實高效的工作機器

這類CEO是高效率的楷模。他們會願意爲了創造最大價值及壓低成本，重新調整工作流程。這些技能最適合競爭優勢主要來自低成本的公司。

工業設備製造商丹納赫的CEO賴瑞．卡普（Larry Culp）就是低調的「工作機器型」領導者。他將丹納赫集團打造成運作流暢的企業機器，並對新收購的公司持續導入丹納赫集團的商業機制，以長期穩定的亮眼績效回饋股東。長期報酬比丹納赫集團更驚豔的企業，恐怕沒有幾家。卡普在二〇〇〇年接任CEO後，丹納赫集團的股價從每股十美元一路成長，等到他離職時，股價已經漲到八十美元[8]。

3. 隨時上陣的急診醫師

這是典型的救火隊ＣＥＯ。這種領導者通常腎上腺素發達，愈急迫的狀況愈能激發他們的鬥志，要做再艱難的決策都毫不遲疑。很多時候，他們都有傑出的談判能力。找上門的公司一家比一家棘手，全都需要仰賴他們過人的**決斷力**及行動力逆轉頹勢，東山再起。

你或許沒聽過大衛．西格爾（David Siegel）這號人物，但你一定知道美國大陸航空（Continental Airlines）、邊疆航空（Frontier Airlines）、全美航空（US Airways）、租車集團安飛士巴吉集團（Avis Budget Group）這些被他拯救過的公司。只要情況危急，西格爾就會接到求救電話。每當這種時候，他總是熟練地大刀闊斧刪減企業成本（他曾一年省下二十億美元之多！），精簡人事、與供應商重啓協商，並實施各種必要措施以全力搶救企業⑨。一旦企業恢復穩定生命跡象，他就會另謀高就。他每一次擔任ＣＥＯ的任期通常落在三年左右。

4. 安全可靠的厚實肩膀

這類ＣＥＯ擁有**沉穩可靠**的強烈特質，通常也很擅長**從交際中創造影響力**。他們以穩健的步調推動改革，經營民意基礎，用心聆聽他人的意見。「厚實肩膀型」

CEO做事深思熟慮，善用企業文化和程序，保護珍貴的制度與實務作法。這種類型的領導者通常可見於成長和緩的產業及使命導向的組織，像是非營利機構，較不常見於瞬息萬變的產業或私募股權公司。

一旦CEO的長處與工作一拍即合，就能創造豐碩成果。公司或部門無法請到需要的領導者類型時，結果通常會令人失望。欲避免落入這種窘境，請好好利用面試的短暫時光。這不僅是公司檢視你的時候，也是你審視公司的大好時機。請特別注意公司的情況：哪種情況和環境能激發你最大的潛能？這會涉及你的商業理念、領導風格和生活的優先順位。每個人的答案都不相同。

羅伯特·韓森告訴我們，揮別美國飛鷹之後，他花了六個月的時間，與「各種聰明人展開八十回值得玩味的交談」，在他們的協助下，思考自己該追求哪種職業生涯。對了，別再獨自一人苦苦思索，請信任的親朋好友幫忙評估你的實力，你會更清楚自己的優勢和領導作風。

後來，韓森將追尋的目標寫下來：「擁有高成長潛力的全球品牌，企業文化以使命為導向，以價值為底蘊，績效佳，洋溢著創業精神。一個能發揮長才的地方，與聰明的合作夥伴對領導和成長抱持共同的想法。」寫下個人目標，等於手中握了通往未來的鑰匙，在容易迷失的大千世界中有一份清晰的藍圖，在追求CEO或高階領導機會的路途上，面對阿諛諂媚時，有一盞指引方向的明燈。這能讓你有條不紊地提出一針見血的問題，清楚揭示你對企業的抱負和對職位的期望是否吻合。

二〇一四年，韓森終於循著明確的方向，找到了合適的工作。他成了珠寶品牌約翰哈迪的CEO，這家小公司的資本以私募爲主，而且符合他理想中的所有條件。任職期間，他把重心擺在充實品牌故事、提升產品質感、行銷和經銷、開設精品門市、拓展電子商務及國際市場，以及改善公司營運。他破除了CEO任期不超過兩年的往例，在艱困的零售市場中，率領團隊創造更多營收、擴展市占率，同時也祭出策略加速品牌轉型。韓森是否眞的如魚得水，覓得適合自己的工作，最好的證明就是創辦人哈迪夫婦的反應。一般人通常很難得到他們的讚美，但看到韓森的努力成果，他們一反常態，歡欣鼓舞地稱讚品牌成功現代化，足以在現今競爭激烈的市場上立足，並且保留了他們創立品牌的初衷。

身為領導者，你會發現很多事情並非自己能掌控。不過，你要選擇什麼工作，則是完全操之在己。合適的機會比頭銜更重要，所以不妨放慢步調，找到真正適合你的成功途徑。

重點回顧

❶ 明瞭面試官在意的事情。對他們來說，怎樣的人選才是「安全牌」？

❷ 清楚表達你是最保險的選擇。

a. 展現自信、能力及適度的正能量。

b. 分享會使人印象深刻的相關經歷。

c. 主動引導話題。

❸ 重點中的重點：務必選擇適合你的工作！

Part 3

穩健收穫

從容面對職務挑戰

1 充實自我 ❯ 2 攀上巔峰 ❯ 3 穩健收穫

- 金字塔頂端的五大危險
- 快速整頓你的團隊
- 與巨人共舞：與董事會和平共處

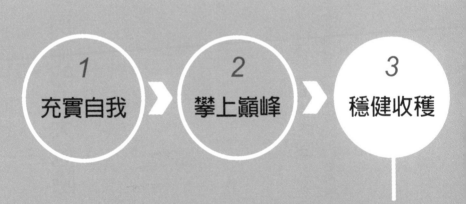

Chapter 9 金字塔頂端的五大危險

你得前往新天地！
今天一定會很順利！
高聳的山峰等待著你。
所以……出發吧，別遲疑！

——蘇斯博士（Dr. Seuss），美國童書作家
節錄自《你要前往的地方！》（*Oh, the Places You'll Go*）

二〇一五年，某個風光明媚的六月天，瑪德琳．貝爾在費城兒童醫院十二樓的辦公室接到一通電話，獲知自己即將升上CEO。

貝爾欣喜若狂。她辛勤工作了三十二年，終於得以領導這所聞名全世界的兒童醫院，在拯救孩童的生命之外，也引領全球小兒科領域的醫療標準。她的心情相當激動，彷彿世界頂尖運動選手參加奧運、踏上田徑場跑道那樣振奮：「大半輩子的努力就為了這一刻。心情五味雜陳，有開心、有恐懼、有懷疑，也有希望。」她回憶道。對所有人來說，這都是值得屏息以待的難忘時刻，但對貝爾而言，這代表著更重大的意義。她是費城兒童醫院建院一百六十年以來首位女性CEO，也是第一位護士出身的CEO。這是具里程碑意義的重大成就。

貝爾在六個星期後走馬上任，但就跟大部分剛接任的CEO一樣，她立刻發現一堆問題、緊急事項和要求有待處理。財務長及法務長引導她迅速進入狀況，讓她看見自己對這份工作從未預料到的面向。舉例來說，她現在是醫院對火花治療公司（Spark Therapeutics）持股的主要股東代表，那是自費城兒童醫院獨立出去的基因治療公司，每年營收二十億美元。**誰會知道這些**？醫院內外各種場合紛紛要她代表醫院出席，一旦到了現場，就有一堆人排隊等著瓜分她的時間，爭取她的注意力。

很快地，她對自己扮演的角色開始有了新的體悟：「以前我認為一切很簡單，我的工作成果就是對一個上司報告。我原以為CEO沒有上司，但現在知道其實不只一個，還有成千上萬個，包括所有一萬四千名員工、醫院上下所有職員、捐贈者、董事會、所有關心我們的社會大眾，都是我的上司。第一年期間，我常在半夜醒來，具體的焦慮感席捲而來，整個人彷彿就要被淹沒。每個人都要靠我提供工作成果，萬一出了點差錯怎麼辦？我就像扛了沉重的責任在肩上，快要喘不過氣。」

如果用核磁共振追蹤任何一位新任CEO的大腦活動，都會發現與貝爾類似的思考模式和反應。一開始興高采烈，「哇，我辦到了！真的是我嗎？」接著，焦慮就會取而代之成爲主要情緒，「老天！這到底是什麼樣的工作？」最後激發出勇氣，「現在一切都要靠我了，我準備好了嗎？要是失敗了，該怎麼辦？」

貝爾說出了很多人的心聲。她告訴我們，CEO的職責「比預期中沉重多了，尤其是別人視你為領導者的那種壓力，其實很少人真正了解。高處不勝寒」。

一夕之間，貝爾成了公眾人物。不管她去哪裡，都是鎂光燈的焦點。「每次開會時，我的表現總是被放大檢視。」她繼續說：「他們一定在想：『她會有什麼反應？她的肢體語言透露出什麼訊息？她說的是什麼意思？』每天早上起床，我就看著行事曆：今天得和董事會的審計委員會開會，有棘手的重要事情得處理，然後趕去募款活動主持開幕，諸如此類。每天行程一個接一個，而且都在不同地點，這怎麼會讓人想要出席?」

在我們的經驗中，**CEO通常需要兩年才會習慣這個職位**。如果董事會在CEO身上發現致命缺陷，一般需要多久時間就會把他開除?大約也是兩年。老實說，能證明能力的時間不多。每位新上任的CEO及剛到新職位的人總是渴望知道：**有哪些地雷萬萬踩不得，否則可能會害我丟了工作**?

爲了尋找答案，我們深入研究七十個CEO遭董事會開除的案例，試圖釐清問題根源。此外，我們也仔細分析新手CEO常犯的錯誤，從中理出共通規律。我們還找來投資人、董事、團隊成員等人面談，分析這些錯誤背後的原因、實際情況、最終結果。本書的第三部旨在協助領導者避免新手CEO可能會犯的嚴重錯誤。任何剛到新職位的人，都適合參考我們提出的建議。

唯有事後回想，許多第一次擔任CEO的新手才會徹底領悟一件事：CEO這份工作不像以往擔任的管理職位，不管是難度或權責範圍都不可同日而語。這是完全不同的職位，舉凡行事習慣、看事情的立場、關注的重點、時間分配、選擇取捨都要隨之調整，還要經營新的人際關係。分析新手CEO的常見錯誤後，我們發現超過四〇%無法及時調整領導風格，以符合新職位的特殊需求①。

如果你已經按照前八章的建議去做，相信你在成爲CEO時已經比大多數人更有準備。本章將揭開CEO最常遭遇的五大危險並提供因應之道，新手CEO務必設法克服（很多時候，資深領導者也該自我警惕），才能符合新職務的需求。下一章會深入說明新手CEO最常犯的一項錯誤，也就是無法將團隊迅速整頓到位。最後，第十一章會揭露大多數新手CEO最煩惱的課題：如何徜徉於董事會建構的新世界。只要善加運用這幾章闡述的道理，就能有效防止「早該注意」的錯誤，並將更多心力保留給公司，以及處理無可避免的意外問題。更重要的是，了解哪些是應該/不應該擔憂的事，可賦予你更開闊怡然的心境，讓你在職場上大顯身手，無後顧之憂。

改編一下美國喜劇演員格魯喬．馬克思（Groucho Marx）的名言，最能貼切傳達這幾章的初衷：**最好能從別人的錯誤中學習，因為你的工作恐怕無法給你足夠的時間一一犯錯，親自體驗。**

危險一：躲在衣櫃深處的妖魔鬼怪

現在你已經總攬大權，最重要的是，你想證明自己有能力勝任這份工作。你聽過「公司願景」之類的期許，迫不及待想實踐你對未來的精采想像，令董事會和團隊驚豔不已。也許你很自豪自己的執行力，亟欲在拿到永無止盡的重要事項清單時有所表現，盡速完成所有事務。不管你是哪種行事風格，難免想在登場之初就展現傲人的實力。因此，我們的第一個忠告或許也最難做到……

先停下來。

暫停一下。

著手描繪耀眼奪目的未來藍圖，甚至是在捧起「近在咫尺的皇冠」、體驗夢想成眞的感受之前，請先仔細環顧自己所處的環境。無論你是透過內部管道升遷，或是外部招募，都像是搬進陌生的新家，在開始重新翻修之前，建議先好好檢視一下從前房東手中承接的所有家具和裝潢，確實掌握整修的大方向。第一步：效法每部恐怖片中，主角進入陌生的房子時步步為營的警戒姿態。每當主角穿梭於屋內的各個房間，一定會隨手打開每一扇門、拉開窗簾，試圖尋找及嚇跑躲在黑暗中的鬼魅，以免遭到突襲。

不管董事會向你做了多詳盡的報告，他們還是可能遺漏藏身在浴簾背後的殺人魔。有可能他們根本不知道對方躲在那裡。因此，入主企業的第一件事，就是巡視每一個陰暗角落，判斷裡面是否暗藏著致命的威脅，抑或只是令人不安但對人無害的黑影，再決定最適合的處置方式。

就拿保羅（化名）爲例吧！他曾經爲我們的客戶掌管一家環保回收公司。就職之前，他得知公司握有一種破天荒的嶄新技術，能將骯髒的塑膠變成可再利用的乾淨塑膠。一切聽起來是如此美好，直到保羅進公司上班，才發現第一個殘酷事實：那項產品的實際效用並不如預期中理想，導致銷售停滯，公司的現金流不足。公司並未開除保羅，但他還是得離開，因爲公司已經沒錢付他薪水。並非所有類似的情況都能和平收場，但愈早發現，愈有機會度過難關。

可能發現哪些類型的威脅呢？以下整理了幾種常見情形：

1. 董事會的期許和企業內部的實際情形之間，存在著龐大差距。
2. 企業暗藏著財務或營運炸彈，不得不處理，例如失去重要客戶、大型專案的成本超出預算、資訊科技設備的實際運作發生問題。

3. 不容質疑的現況或文化上的盲點可能阻礙改革，進而妨礙企業成長。
4. 有跡象顯示，相差幾個階級的重要部屬無法勝任工作或準備跳槽。

什麼是對抗這些鬼魅最好的辦法？日照。將這些長久不見天日的殘酷現實，攤在董事會、團隊等人面前，讓他們知道：「這就是我們現在面臨的情況，我們必須設法改善，而方法是……」時間一分一秒過去，大家都在熱切關注。**你在上任後半年所揭發的事實，他人會視為過去的延續，以此對你的表現設下底線。這段過渡期過後，如果情況未能改善，就是你的問題了。**若未及早揭開不爲人知的一面，這些暗藏的缺陷永遠屬於你的責任。運用前幾章的建議設立實際的目標，在充足資料的輔佐下，擬定適切的計畫，穩健達成上述目標。雖然剛展開CEO的新職務就得面對殘酷現實，的確令人掃興，但若不在一開始就設定切合實際的目標，將導致日後的領導一敗塗地，後果更不堪設想。

史考特·克勞森接掌濾水器公司康濾根（後來出售給私募股權公司）時掀開了財務表象，發現企業的成長比預期中更不理想。「前管理團隊將公司賣給投資人時，預測公司的EBITDA（未計利息、稅項、折舊及攤銷前的利潤）能達到六千萬美元。但當我深入追查細節，實際的數據其實比較接近四千五百萬美元。我為了這件事飛到紐約見董事們，開了一場氣氛相當凝重的會議。最後，他們決定支持我。」

克勞森很幸運的地方在於，這已經是他與同一批投資人合作的第二份CEO工作。在此之前，他負責掌管同一家私募股權公司旗下的另一家企業，爲投資人創造了將近四倍的投資報酬。所以，當第一年公司毫無成長時，董事會願意繼續支持他。「我們了解你的難處，沒關係，我們相信你，再接再厲！」往後三年內，克勞森平均每年提升EBITDA約一千萬美元，最後成功售出公司，爲發展遭遇瓶頸的品牌恢復往日榮光，打了相當漂亮的一仗。

初到新的工作崗位時記得暫停一下，而第一件事就是傾聽主要利害關係人的意見。不論你是CEO、中階經理，或是獨立於團隊之外的專業人士，請務必做到這點。第十一章會詳細說明如何與董事會建立有效的合作關係，清楚確認他們對公司現況的認知、需求及對未來的期望。釐清他們的立場後，收集相關資料並建構你自己的觀點，才是更艱難的任務。此時就該廣泛聽取各方意見了。第三章曾經提到衝浪品牌比拉邦公司的CEO尼爾．費斯克。他剛上任的那幾週，每天都與高層團隊及至少低兩個階級的經理面對面討論一個小時。他從談話中獲益匪淺，用他的話來說，那些交談「為他繪製了豐富的藍圖，清楚呈現哪些問題需要解決、哪些疑慮需要正視」。

接下來，巡視每個樓層。到實際處理公務的辦公室走走，問問大家有哪些地方值得嘉許、哪些需要改善。離開所在的組織，到外面看看，多認識所屬的產業。與公司以外的人士談談，最重要的，記得與專家——也就是客戶——見見面。

「你不會相信我聽到了什麼。」積雲媒體公司的CEO瑪麗．伯娜告訴我們，她在二〇〇七年到二〇一二年間擔任《讀者文摘》的CEO時，曾廣泛聽取全公司員工的想法。她定期出差到公司分散於五十個國家的分公司辦公室，隨意挑個位子就坐下來，與十來名員工溝通交流，甚至連收發室的職員都跟她聊過天。她問每個人，如果身為CEO會怎麼做，並且徵求能讓公司更上一層樓的構想。交談過程中，她會仔細做筆記。透過這種方式，她能親耳聽到公司裡大大小小的問題，從荒唐的軼事（主園區草地上的鵝屎已經氾濫成災），到非同小可的管理漏洞（我們發現一筆帳款核銷不實），一網打盡。

即便你很幸運，能夠接掌根基穩固的企業，像是寶僑之類令人振奮的大企業（而不是名不見經傳的小公司），也會時常從董事會、幕僚成員、生產線作業員和客戶口中，聽到相互衝突的意見。這些資訊都能協助你建構符合企業實情的認知，設定基於事實的目標，找出有必要著手處理的風險。

或許你沒辦法一舉驅逐所有鬼魅，但若能通盤掌握棘手的難題，就可有效避免問題浮上檯面時手足無措，事先預留尋找解決之道的緩衝空間，同時依然明哲保身。因此，請先翻出藏在衣櫃深處的骷髏，將所有舊帳攤在陽光下，給所有人煥然一新的新氣象，然後就能寫下專屬於你的新篇章。

第一年檢查清單：

- 檢查企業體質，除舊佈新。
- 描繪願景，擬定策略。
- 設定底線，讓董事會（及市場）對你的計畫、預算及專案有所期待。
- 盡早完成幾項較為容易的任務。
- 如有必要，評估並升級團隊。

危險二：進入超光速緊湊生活

開會、回信、參加典禮、回應媒體、準備重要演講、出席募款餐會，還有決定小事、做重要決策、消化新資訊、處理工作職務……我的老天，時間根本不夠用！現在光是去一趟廁所，都必須隨時與人打招呼及交談（這件事極耗時間）。美國運通公司（American Express）的人力資源長凱文．考克斯（Kevin Cox）身兼多個董事會，時常有人向他請教如何率領企業。他將首次擔任CEO的經驗比喻成新手四分衛：「對菜鳥球員來說，賽事的節奏快到不可思議！優秀的教練會試著簡化戰略，放慢比賽的速度。同樣地，企業的運作對新上任的CEO來說一樣快得驚人，所有事情紛沓而至，填滿了所有時間。他們必須設法調整處理事務的步調，才能從容應對，做到最好。這一點很重要。你在場上表現的時間就這麼長，表現不理想就會被換下場。」

雖然時間的緊迫感對CEO而言特別明顯，但只要升上更高的職位、接管更大規模的組織，**所有**領導者多少都能有所體會。

我們詢問了幾位CEO，想知道他們登上職涯巔峰後，工作重心有何改變。根據我們的統計，非業務類的非CEO高階主管，平均有八〇%的時間需要專心處理內部公事；若是CEO，這個比例會掉到五十五%[2]。相較於高階主管處理外部事務的時間只有二〇%，CEO需要花上四十五%的時間處理類似公務，比例超過前者的兩倍。他們的生活中開始出現眾多利害關係人，與各方的關係都需要費心經營，從董事會、股東、監管機關、政府、客戶、合作夥伴，乃至於面對業界、媒體以及廣大的世界，都要投入時間。換句話說，**你即將接下人生中最具挑戰的一份工作（經營企業），而可自由支配的時間會大幅少於你在前幾份工作貢獻給事業的時間**。你能想像只用三分之二的時間處理目前的職務嗎？這樣的要求顯然極不合理，但你該如何完成這不可能的任務？該怎麼充分運用時間，發揮最大效益？

第一步並非改變關注的**事項**，而是調整處理的**時機**。生活的步調加快，請專心注視前方的道路。設定未來的座標，讓超光速引擎帶你到預設的目的地。眼光能放遠到地平線的CEO，較有可能成功帶領組織完成改革。**非CEO的高階主管通常會有八〇%的時間專注於未來一年內的事務，而CEO則會將超過四〇%的時間放在規畫一年以後的未來**[3]。這樣可以立即以時間爲分野，有效過濾所有即將到來的工作事項：**從現在算起一、兩年後，這會是重點項目嗎**？在新工作崗位上面臨令人喘不過氣的認知負擔時，這項篩選標準可謂極其重要。

行政助理是第二道重要的過濾關卡。CEO創造工作成果的方式，是妥善配置人力、時間和資金，而助理正是爲你安排時間的重要人物。瑪德琳·貝爾當上CEO後，帶著助理一起就任，這位助理在她擔任營運長時就是得力的左右手，因此初到新的工作崗位、面對眼前的慌亂局勢時，貝爾當然很樂見還能保有一處小而美的太平盛世，由重要的助理爲她鎮守。遺憾的是，雖然貝爾在職務和工作上的優先順序歷經劇烈變動，但助理依然以多年來一貫的方法管理她的行事曆，將時間優先排給公司內部的一對一面談。在助理心中，董事會和其他外部人事物都是擾亂工作步調的阻礙。於是貝爾告訴助理：「CEO的時間安排必須跟從前有所不同。董事會和外部的人事物現在是我需要優先處理的事項，許多以前來向我尋求建議的人，必須去找現在的營運長。」

貝爾展現了**沉穩可靠**的優異才能，教導助理如何訓練**其他人**與她互動。舉例來說，以前當營運長時，她有充足的時間讀完整份併購合約，再與法務長討論自己的看法。現在她需要簡潔的條列式報告。「我必須建構一套人力系統，由他們幫我過濾及組合資訊，這是以前我從未做過的事。」她說。一旦有任何資料尚未整理好就送上桌，她的助理會馬上退件。所有資料交到貝爾手上之前都要去蕪存菁，整理成摘要。

要能順利接手更高階的職位和新職務，你**必須時常訓練身邊的人與你共事**。有位CEO會請助理寄出條理分明的資料格式，協助直屬員工事先準備適切的資料，以利一對一面談順利進展。面談的內容可能會從六個事先指定的重點主題中挑選，包括重要計畫的進度、重大成果議題及工作滿意度。直屬員工必須在面談前兩個工作日繳交條列式大綱。

如此嚴格的控管手段，會不會給人太大的壓力或流於形式？有些人可能會反抗這些新規矩，但許多人會感謝你講明規則，爲了雙方能合作愉快而努力。不論你掌管的是市値兩千萬美元的公司，還是提早兩天準備面談內容聽起來多麼不切實際，重點應該都是自問可以採取哪些措施，將大部分的時間和精力分配給最重要的事情。就算只是把行事曆交給助理管理這麼簡單的辦法，也能幫你省下許多時間和心力，尤其對企業家來說，這其實很難辦到。成長快速的軟體公司CEO羅伯・威格告訴我們，「當你習慣事必躬親，一時之間要說服自己授權助理處理部分事務，可能會很困難，但確實可以改善情況。自從有了助理之後，我的生活完全改變了，每一天都很有效率。我的時間可以花在與目標相關的重點事務上，而不是漫無目的地處理每一件瑣事。」

我們面談及指導了不下數十位CEO，幫助他們習慣快速的工作步調，從這些經驗中，我們額外歸納出幾點適應的技巧：

1. 依需求調整

不管你預設的會議時間是十五分鐘還是半小時，都要主動管理行事曆，確定你已依照事務的優先順序和複雜度，分配適當的時間和體力。要求自己養成開會時直接切入重點的習慣，並有效率地結束會議和交談。金在過去曾與一位CEO合作，除非發生的問題茲事體大，無法在十五分鐘內處理好，否則對方從不講電話超過十五分鐘。要是需要多一點時間，他會在早上六點從加州打電話給金，從容不迫地徹底討論。後來金才知道，早上六點是他每天固定遛狗的時間。如有任何決策或討論需要更多時間審慎思考，他都會安排在這個時段。

2. 行事曆大體檢

我們曾經引導許多CEO和他們的助理檢驗每天的行事曆，結果讓他們大驚失色。他們都是很清楚輕重緩急的領導者，不僅認爲已將大半心力貢獻給重點事務，對自己分配時間的方式也深具信心。然而，他們的行事曆時常不是這麼一回事。我們分析每一個行程，確實追究哪些利害關係人和重要事項從CEO身上分得最多時間和注意力。

每次檢驗行事曆時，總能看見ＣＥＯ不可置信的神情。例如，一位最近認識的ＣＥＯ告訴我們，她那一年的首要任務是要到中國拓點，結果這項「第一要務」只分到她三％的時間。因此，她的公司距離目標仍有十萬八千里（就跟地理距離一樣遙遠），自然也就不意外了。

行事曆體檢是一種練習追根究柢的行爲，不管何時都很實用，主要能確認你的時間、精力和實際行動，是否與你所說的優先處理順序相互吻合。首先，若不考量現實中能否做到，問問自己如何根據事務的重要程度分配時間？接著，請助理依照你設定的目標，比較你實際運用時間的情形。建議你第一年期間練習兩次行事曆體檢，之後每年一次。檢驗行事曆時，心中請想著四個問題：

(1) 時間分配能否體現了工作和生活的優先順序？
(2) 時間分配能否體現了人際關係的優先順序？
(3) 爲短期和長期議題，分別配置了多少時間？
(4) 爲內部和外部事務，分別配置了多少時間？

3. 禮貌拒絕

安迪．希弗耐當上藝達思公司的CEO時，一位七十幾歲的良師益友請他吃飯慶祝。「這種情形我見多了，我的忠告是，要嘛好好幹，不然就別做。」他在餐桌上這樣告訴希弗耐。「CEO是一份截然不同的工作。要求很高，但極具魅力。有兩件事一定要懂，才能勝任這份工作。第一，沒有什麼事情比你的團隊更重要；第二，你要知道何時該出現、何時不該出現。」

成爲準CEO後，你的搶手指數就會立即飆升。你會接觸到新的企業和社會菁英，也會收到各活動的鍍金邀請函，令你躍躍欲試；各種董事會、委員會、理事會開始邀請你加入，各種會議也開始請你上台演講。彷彿只是昨天，你還在台下聆聽其他業界CEO分享精采的經驗，所以一旦有人邀請你加入他們的上流世界，你很容易就會心動。幸好聽了良師益友的忠告，希弗耐比大多數CEO更早領悟這個道理，因此他不像初出茅廬的菜鳥，用渴望的熱情迎合所有要求，反而老練地對上門的眾多邀約精挑細選。

以前彷彿遙不可及的奢華夢想，現在可能成了承受不起的世俗紛擾。太多新上任的CEO在成爲企業界的新寵兒後，把答應別人請求的門檻設得太低。**我們時常建議第一次當CEO的新手，在考慮是否答應或回絕邀約前，先將心態從「初來乍**

到的新人」調整成引領業界的大牌ＣＥＯ。如此一來，他們就能避免將寶貴的時間和精神，浪費在不值得的事物上，轉而全心創造成果，讓自己成爲眞正立足業界的ＣＥＯ。

趁你還沒被各方邀約淹沒、起心動念之前，先想清楚自己的目標。你眞正想要的是什麼？拓展事業版圖？效法頂尖的領導者？還是提高身分地位？近來，有位菜鳥ＣＥＯ才上任幾個月就搭乘公司專機參訪白宮，因而遭董事會斥責。這家公司正面臨艱難的過渡期，現金不斷流失，ＣＥＯ高調接受白宮邀請的行爲看在董事會眼裡，像是只爲了追逐個人名譽，不是爲了幫助企業度過難關。

每個人的情況和篩選條件不盡相同，但就任第一年期間，唯有當邀約足以協助企業向明確的目標跨出一大步，或是有助於ＣＥＯ提升個人能力，才能毫不考慮地接受而避免受到苛責。除了上述條件之外，希弗耐還額外加上一項個人篩選標準，亦即他會選擇對家庭生活影響最小的機會。

危險三：放大鏡效果及鎂光燈焦點

「CEO的一舉一動總是被放大檢視。不管是拍拍某人的肩，還是寄出的每一封電郵、說出口的每一句讚美，都突然有了份量。你不能再像以前那樣在誰的辦公桌旁任意停下腳步，大家會認為這是在暗示當事人注意工作表現，但事實上，你只是要去廁所，剛好經過而已。或是你因為小孩生病而沒有出席某場會議，但是大家會解讀成你不喜歡他們提出的構想。你做的每件事，都會被放在『你是CEO』這個濾鏡底下詮釋。」

這段深刻的省思來自武德洛夫藝術中心的館長暨CEO道格．希普曼。隨便找一位CEO，詢問他在當上老闆後最意想不到的衝擊，免不了會聽到類似的說法。

我們把這種現象稱爲「放大效應」。**現在你是公司的門面，帶領公司航向未來的船長，也是公司理念的象徵。即使是微不足道的言行舉止，都可能漾起漣漪，波及公司上下。**你時常成爲鎂光燈的焦點，每次挑眉、選擇的字詞、時間的分配方式，都會受到嚴格的檢視。旁人不是單純對你感到好奇，而是渴望從你的行爲舉止中找到可以依循的線索，據以反應。總之，在你成爲老闆之後，大家（即使是那些昨天還是同事的人）與你的關係已經徹底改變。你必須先體認到這一點，據此調整領導作風，放大效應才不會繼續演變成危機。事實上，這會是你踏上新的職涯道路後，強而有力的利器之一。

不妨從最基本的層次調整你的肢體語言。如果組織的工作氛圍容易受到你的情緒影響，代表你需要試著傳遞一些正面能量，至少板起臉來時別太嚇人。二十五年來，派對用品零售商聚會城（Party City）的CEO吉姆·哈里遜（Jim Harrison）始終奉行他所謂的「微笑原則」。「領導團隊內，每個人怎麼據理力爭、相互爭辯，都沒有關係，但只要出了團隊，我們就是以微笑面對所有人。」他這麼說。

曾經有個員工告訴他，他那長年不變的一號表情彷彿隨時都在生氣，見到他的員工個個膽顫心驚。自從那天開始，他就隨時提醒自己要面帶微笑。現在員工見到他，總能看到他臉上堆滿笑容。「巡視公司時，我會到處跟員工打招呼，關心一下他們的工作情況，這樣他們就會知道我並不是難相處的人。這個方法的效果很好。」他說。「微笑原則」或許不適合所有企業文化和場合，但務必選擇可以讓組織上下感受到自信和正向氣息的肢體語言。

若你會隨便發脾氣、將情緒不自覺地掛在臉上，那麼你的領導生涯也差不多該結束了。CEO需要謹慎且準確地處理負面情緒，才能獲得想要的結果，但這不代表你必須自我壓抑、委曲求全。你需要找出容易觸發情緒的因素，對症下藥，妥善處理。

科技服務公司CSRA的CEO賴瑞．普利爾（Larry Prior）常說：「CEO的位階太高，不能毫無目的地動怒。」我們輔導的一位高階主管在面對棘手的談話時，會把手放入口袋偷捏自己的大腿，「當我必須面對任何會激怒我的事情時，這種生理上的疼痛能提醒我保持冷靜。」

比起情緒驟變，CEO無可迴避的放大效應影響更爲深遠，因爲人們會認眞看待你的一言一行，據此決定接下來要採取的行動。

商業資訊服務公司CEB首位非創辦人的CEO湯姆．莫納漢曾在波士頓分公司待了一天，那天他突然有感而發，不經意地向某個團隊成員回憶起從前的時光。「我跟他說我是在波士頓長大的，從辦公室的窗戶看出去，彷彿可以看見我的人生。」他這樣告訴我們。「以前唸的中學、上學搭的火車、父親工作的地方……從我所在的辦公室看出去，一切盡收眼底。」幾年後，CEB公司準備整併分散各地的辦公室，莫納漢意外發現，波士頓竟然不在預計撤點的候選名單上。後來他才知道，所有人都心照不宣地認爲，波士頓當時的辦公室不能撤掉，因爲「那裡對莫納漢有特別的意義」。

莫納漢在幾年前的幾句感性發言，再度浮上檯面時，反而成了影響決策的理由，而且這個決策還所費不貲，這完全不是他的本意。「還有多少像這樣的事情呢？」他不禁想問。

一旦體認到放大效應的無比威力，你不妨主動尋找合適的機會，善加運用其正面效果。舉例來說，湯森路透公司的CEO吉姆．史密斯告訴我們，他在脫歐事件（英國公投通過退出歐盟）隔天開了一場遠距會議。曾擔任美國財政部長的哈佛大學經濟學家賴瑞．桑莫斯（Larry Summers）認爲英國決定脫歐是二次大戰以來歐洲所發生最糟糕的單一事件④。

史密斯向倫敦辦公室的同仁詢問當地情形：「今天那裡的氣氛怎麼樣？」他們回答：「像被原子彈轟炸過一樣。」這只是正式會議開始前的輕鬆閒聊，但史密斯的腦中突然閃過一個念頭：「帶領大家走過低潮是我的責任。」他擺脫倫敦同事的低氣壓，改用積極樂觀的語氣對答。「大家要記住，在紛亂的時代裡還是有機會。」他談到公司有責任幫忙客戶找到這些機會。「客戶依然是我們關注的核心。

我們要全心專注於可以掌控的事，把事情做到最好。」他這麼說。就這麼簡單幾句話，他撫慰了垂頭喪氣的同仁，告訴他們即使時代動盪，他們的工作仍然可以產生真實且重要的力量，而這記強心劑在接下來的幾個小時、幾天甚至幾個星期，對同仁仍有著深刻影響。

一舉手、一投足都很重要，這是你的新處境。你的每句話不再只是輕如鴻毛的呢喃、開玩笑、提議或輕鬆閒聊，而是重如泰山的宣言，具有決定未來的力量。務必妥善運用這股力量，帶領企業創造你理想的未來。

危險四：智慧型手機不只是計算機

或許你還記得美國影集《歡樂單身派對》（*Seinfeld*）某一集中，傑瑞（Jerry）的父親把他送的電子記事簿當成一般計算機來使用，讓傑瑞差點瘋掉。（傑瑞表示：這還有其他功能啊！）這樣的情況套用在高階主管升上CEO的情境，其實也說得通，只是代價又更高了。

我們審視了七十個CEO慘遭開除的案例，其中**五分之一都是因為CEO未能充分運用手邊的商業控制桿，這些CEO獨有的行事手段會對業務成果帶來影響**⑤。許多第一次擔任CEO的人，都是出身特定的專業領域，像是金融或行銷，但突然之間，他們必須掌管整個企業，包括從未接觸過的職務也是他們的管轄範圍。許多創造價值的獨特控制桿，CEO都能使用，但很多時候，他們不懂得如何駕馭。CEO最重要的任務，就是為企業擬定策略及設定願景。在成為CEO之前，許多人的主要職責可能只是在單一部門或業務單位中負責執行策略。現在成了CEO，首要之務反而是要深入了解公司內外的情況，通盤掌握整個企業的發展，在此基礎上為公司設定策略方向。

最近有一家投資公司委託我們深入了解旗下一家零售公司的CEO，期能找出對方績效嚴重低落的原因，並爲其提供解決辦法。過去，珊蒂（化名）一直都是表現出色的總經理，一手管理的幾家店面總能交出亮麗的成績單。店面經營是她最擅長的領域，包括調整產品及銷售手法，籌備促銷活動及配置人力，讓上門的顧客願意買單。當她成爲CEO後，關注的重點依然擺在各家分店，但眞正的威脅其實來自大環境。信用市場緊縮，公司更難取得需要的融資。產業在多方面都已經呈現下滑趨勢，「完美風暴」的催生條件紛紛到位，減緩市場的成長力道。由於她只仰賴先前在職場上累積的專業能力，因此面對這種情勢時備感艱辛。她不懂得暫退一步，爲公司發展重新規畫方向。公司需要CEO強人，而不是表現傑出的總經理。

我們看到有一些CEO執著於過去的長處，在任期中走得跌跌撞撞。某家亟需追求業務成長的公司，其過去擔任財務長的CEO堅持要降低成本；精通營運專業的CEO不斷推升產能，但因爲匯差而損失好幾億美元；銷售能力出衆的CEO成功拓展客群，但產能並未同步提升，公司很快就陷入困境。若是鐵鎚不忘其敲敲打打的本性，眼中永遠只注意到鐵釘，就要特別小心。

現在既然你成爲CEO，就需要跳脫個別部門，站上制高點，如此才能總覽整個企業，找到問題癥結，將資源投注在最需要的地方，發揮最佳效果。

說到這裡，CEO可以運用的新控制桿到底有哪些？新手CEO時常未能充分注意到以下三點：

控制桿一：經營企業文化

從事顧問工作以來，我們常見到前任CEO成功帶領企業卓越發展，任期屆滿時，交棒給下一任菜鳥CEO，而改朝換代的強烈對比往往令我們瞠目結舌。許多CEO在卸任後回想，才發現改變企業文化是他們在任期中所完成最難但影響最深遠的任務。很多時候，他們希望自己能早點意識到企業文化的重要，多加耕耘。甚至在準備交接期間，很多人仍努力塑造公司文化和價值，期待成果能延續下去。

諷刺的是，在我們輔導的新任CEO中，絕大多數都認為企業文化很重要，但時常因為還有更迫切、更「艱難」的重要任務在身，而未能及早為企業文化貢獻心力。統領企業時忽視文化層面，就像選擇在市區道路上訓練馬拉松，一心只想追趕訓練進度，卻對有害健康的空氣污染和交通告示視若無睹，因而可能在訓練過程中，一不小心就賠上性命。相反地，如果CEO很早就把企業文化列為重點事務，時常可以事半功倍，付出的心力也能獲致更耀眼的成果。

輝瑞大藥廠（Pfizer）在二〇一〇年任命伊恩・瑞德（Ian Read）擔任CEO，當時公司的處境相當險峻。他面臨的環境充斥著險惡的政治文化，毫無信賴和創新可言，加上獲利最多的藥品專利即將到期，而且公司股價從二〇〇六年一股二十四美元跌到只剩十五美元左右，前景堪憂。不少艱難的商業問題都需要正視。那麼，瑞德認爲哪一項才是首要之務呢？他一當上CEO，就把端正企業文化視爲刻不容緩的改革重點，他相信這是逆轉工作績效的重要根基。瑞德和人力資源長查克・希爾（Chuck Hill）對改善企業文化盡心盡力，同時也不遺餘力地倡導各種行爲準則。如今，「有話直說」和「勇敢嘗試」等口號，已逐漸落實到輝瑞大藥廠的日常營運之中。

舉凡員工之間的每次互動和公司的重大決策，瑞德和希爾都認爲是推行理想文化的契機。二〇一四年，輝瑞大藥廠試圖以一千一百八十億美元收購阿斯特捷利康公司（AstraZeneca），引發業界關注。但當阿斯特捷利康的董事會要求調高價碼一〇%時，瑞德決定放手。隔天上午，瑞德在公司內召開全球大會。他坦白表達對收購案破局一事深感失望，並趁此機會宣揚公司文化。「身為領先業界的大藥廠，我們必須『勇敢嘗試』，勇於冒險。本次收購案就是我實踐『勇敢嘗試』的實際表現。雖然失敗了，但一開始的確是值得嘗試的理想交易，最後拒絕對方過高的開價也是正確決定。我嚐到失敗的滋味，但仍收拾好心情繼續面對新的一天。這次的經驗，相信大家都親眼目睹。在此，我要鼓勵每一個人大膽冒險，為更好的明天而努力。勇敢嘗試別畏懼！」瑞德清楚表達他的理念並以身作則，最後終於有了成果。如今，輝瑞大藥廠的營運體質比多年前瑞德上任時更健全，股價翻倍，而企業文化也從驚濤駭浪轉變成全體員工引以爲傲的寶貴資產。

坊間闡述企業文化的書籍衆多，這裡不再贅述。只要記住：**不論你是否有心整頓公司內部文化，企業文化就像空氣一樣，會對你所追求的工作成果產生持續的影響。到時候，你終究得認真看待**。以下提供三個足以影響組織文化的切入點，期望能對剛到新工作崗位的忙碌（甚至有點筋疲力竭）領導者有點幫助。

1. 你花了多少時間宣揚心中的理想行爲並以身作則？
2. 你如何分配時間和心力？
3. 你聘請、開除及拔擢了哪些人？

如果沒有其他實際措施，不妨每年自我檢視一次，確認自己身爲CEO的抱負與志向，並檢視自己將想法實踐於上述三項行動的成效。

控制桿二：擬定財務策略

正式升上CEO時，你很可能早已經是企業營運方面的專家。過去，身爲部門總裁或總經理的你，所有時間都專注於提升公司營收。成爲CEO後，你必須同時參考資產負債表和損益表，爲股東創造價值。你會如何做出資金分配決策？你要如何管理現金流？盡可能減少稅額？善用資金投資？還是尋找可能的收購標的？

五年前，艾琳娜將賽斯．席格爾（Seth Segel）引薦給後來聘請他當CEO的伍德伯里產品公司（Woodbury Products），這是席格爾第一次擔任CEO。對新上任的CEO來說，待辦清單上數一數二的重要事項，就是特地抽出一段時間會見財務長，由他帶領自己詳細了解損益表、資產負債表和公司的現金流。舉凡「我們對最大筆支出細項的掌控程度為何？」「現金轉換循環和預估的資本支出分別是多少？」「公司對收入認列和折舊等重要事項，採取何種政策？」「貸方給我們的借貸期限是多久？」等問題，CEO都必須一一尋求答案。

如果財務不是你的強項，務必找個可以幫助你的人從旁輔助。史帝夫．考夫曼從部門總裁升上艾睿電子公司的CEO時，「對華爾街相關領域完全沒有準備」。他是典型的營運專家，對損益表的所有細項瞭若指掌。「但對資產負債表方面的財務情況，或是與分析師和投資人的應對進退，我可就沒有把握了。」

考夫曼向當時的董事長請益，深入學習財務工程和投資人關係等主題，彌補不足之處。

控制桿三：企業外交

由於CEO在管理上占有制高點的優勢，影響力自然會溢出自家企業。企業成功與否，會受到所處生態系與在生態系中所扮演的角色影響。

無論你是引領產業的全球龍頭、新加入的廠商，或是潛藏在地區市場的小規模佼佼者，一旦忽視產業及更廣泛的法規、地緣政治、總體經濟等各方面的動態，必定會將企業推入危險境地。

要爲企業規畫正確的發展方向、帶領企業大步向前，CEO有必要了解（很多時候必須試圖影響）企業所處的情勢和現況。結交盟友、做好公關，並從地區、業界、國家，有時甚至是全球的層次，與官方機構維持良好互動，這些都是CEO累積影響力，進而奠定企業地位的良方。

二〇〇一年九月十五日，達美航空公司（Delta Air Lines）CEO里奧・穆林

（Leo Mullin）從辦公室目送自家飛機起飛，這是達美航空公司自九一一事件以來，恢復營運的首發航班。然而，即使飛機已經安全升空，穆林深知他的公司（以及整個航空業）遇上大麻煩了。歷經恐怖攻擊浩劫後，人們開始減少搭飛機的次數，於是機票銷售情況及營收都連帶受到影響。

對一個固定成本龐大的產業來說，這種下滑趨勢很快就會帶動惡性循環。即使達美航空公司在航空業的資產負債比已經算得上是模範生，手上的現金也僅足夠因應幾個月的營運損失。

穆林記得在隔天凌晨五點起床後，他對著鏡子裡的自己說：「我必須處理這個問題，這是我的責任。」有鑑於問題的規模非同小可，他深知達美航空公司不可能孤軍奮戰。其他同業也面臨同樣的問題，而且情況甚至更糟。就當下的緊急程度來看，CEO的職責顯然早就不侷限於單家公司，也早已超乎個人利益。上午十點，穆林聯繫到其他航空公司的CEO；不到一週，他代表整個航空業前往座無虛席的國會出席聽證會，目的是要敦促業界的主要廠商和政府共同研擬解決方案，雖然是痛苦的決定，但勢在必行。如此快速的因應行動，最終促使政府核撥一百五十億紓困基金，才順利挽救了航空業。

這就是所謂非常時期的非常措施。不管是率領《財星》雜誌五百大企業等級的公司面對國家層級危機，或是就醫療補貼或房地產許可證，與地方政府機關展開協商，CEO都必須隨時就緒，擔任公司對外的外交大使。

實力校準

CEO這份新工作與你之前的職場經驗截然不同，而你從踏入職場開始所累積的實力，在此時也不一定適用。是什麼優勢幫助你得到這份工作？對企業的一切瞭若指掌？你是全公司最聰明的人？把持重要的客戶關係？還是受前任CEO賞識？每位CEO都要坦率評估至今累積的能力和實力根源，接著謹慎重新校準手上的工具（時間、精力、團隊），確保你能在CEO的新崗位上專心處理適當的事務。每家公司的情況不盡相同，對於每位CEO的需求也不一樣，但還是有些規則可以一體適用。

- **知識和獨到解析**：賦予CEO力量的根源，是對企業的廣泛了解，不是對單一部門或職務的專業知識。

● **資訊來源**：從公司外部的角度解釋整體情勢，並確切掌握它對企業的意義，才是賦予CEO力量的根源，絕非從企業內部取得詳細資訊。

● **正式與非正式人脈**：CEO應專心經營公司外部的人際關係，並重新調整看待內部固有人脈的觀點。

● **忠誠**：比起上司的全力支持，團隊的忠誠和不離不棄更重要。

● **角色權威**：傑出的CEO懂得節制使用此職位的權威。

危險五：獨立邊間辦公室是心理競技場

暗處的鬼魅、超光速生活、鎂光燈焦點、燜燒鍋般的壓力，這些是截至目前所揭露的棘手問題，結合在一起便能觸發五號危險：CEO的每一天都可能遭逢混亂的心理狀態。每一天都備受考驗，牽涉的利益龐大。你每天所做的決策，關乎著數十萬名員工和客戶的命運及未來。你時常感覺如履薄冰，步步爲營。這個工作看似權勢一把握，但還是有很多事情不是你所能掌控的。

你唯一能完全掌控的事情，就是站上這賭注極高的障礙賽跑道，用你最理想的狀態賣力表現，邁向勝利的終點。

我們看過有些CEO沉醉在權勢和名氣中而失去自我，挾著職權做出踰矩的行爲。在壓力和責任的雙重夾攻下，他們逐漸失去原本謙遜有禮的樣貌，甚至罔顧道德而不擇手段。最近，我們正在培訓一位被公司選入CEO接班名單的主管，他就在名單的前幾個順位，但由於他過去曾親眼目睹權力可以使一個人腐敗，導致在攀上巔峰的最後一哩路上猶豫不前。「我看過太多瘋狂的案例。」他告訴我們。「我不想喝到爛醉，找起椅子往一大片玻璃窗砸，或是賭上CEO頭銜，不顧後果也要把助理搞上床，當然也不想像三任之前的那位CEO一樣，最後落到坐牢的下場。」另一位CEO告訴我們，他因爲忽略婚姻而導致以離婚收場，原因倒不是只顧著忙事業，而是他喜歡搭公司專機出席每一場盛大活動，不管離家幾個時區，都非去不可。

最後，心理上最普遍、最持久的挑戰就是寂寞。爲了寫這本書，我們在訪問CEO時，其實很小心翼翼地看待CEO普遍「高處不勝寒」的刻板印象，因此從不問受訪者是否覺得孤單。但我們不斷地發現，他們會不經意地提起這一點，希望能幫助其他人在成爲CEO之前，做好面對這沉重寂寥狀況的心理準備。在公司內關起門來，你就是一支一人軍隊。昨天還是同事的那些人，現在對你畢恭畢敬，甚至顯得冷漠疏遠，因爲你得到了他們想要的工作。你要面對一堆需要仰賴你的人，但沒有一個人是你可以掏心掏肺、坦承以對的訴說對象。就像湯森路透公司的吉姆．史密斯所說：「有時候會覺得每個人和你的互動都有目的，可能是要為他們的事業單位爭取更多投資，可能是要設法敷衍我的期待。不管如何，當上CEO以後，就再也沒有『隨便聊聊』這件事了。」

即使過著壓力鍋般的生活，你還是**可以**發光發熱，但自我調整才是最重要，也是最難維持的部分。卓越的CEO用親身經歷證明了以下幾種方式確實有效。

1. 建立致勝習慣

大聯盟選手千奇百怪的迷信習慣早已眾所皆知。特克．溫德爾（Turk Wendell）投球時不穿襪子，口中嚼著黑甘草，而且每局必定刷牙，為人津津樂道；勇士隊前選手艾里歐特．強森（Elliot Johnson）防守時，習慣嚼葡萄口味的口香糖，打擊時改吃西瓜口味；奧運游泳名將麥可．菲爾普斯（Michael Phelps）會在每場重要比賽前兩小時，在心中將每個動作調整到定位。這些不只是單純的迷信，世界級運動選手是利用這些「儀式」調整心態，使自己處於最佳狀態，此外也讓自己在紛擾喧囂的比賽現場沉靜下來，忘卻所有人生包袱，只專注在運動表現。

CEO也一樣。他們需要仰賴固定儀式和習慣，幫助自己產生持之以恆的踏實感，讓生活變得簡單。透過這類方法，他們可以在與客戶不歡而散後，按下心中的「重設」按鈕，緊接著在一分鐘後，帶著整理妥當的思緒和心情，走進會議室與董事會見面。這些習慣也能協助他們排解工作焦慮，晚上睡個好覺。CEO也像運動員一樣，需要藉著長久不變的習慣，讓自己穩定維持在巔峰狀態。

軟體公司阿比拉的前CEO克莉絲塔．安斯蕾喜歡自我對話，不斷地提醒自己：「辦公室裡並沒有放著一個裝了腎臟的保冷箱，這不是什麼攸關生死的大事。」

非營利組織「為美國而教」的創辦人溫蒂．科伯（Wendy Kopp）每天早上一定會跑步。她的CEO克馬特．克雷默告訴我們，「不管她有多累，不管時間有多早，她都會起床。如果得在凌晨四點跑步，四點就一定出門跑步。那是她放下其他事情，專心思考世界局勢的時刻。」有一位與我們合作的CEO在需要短暫的寧靜，不受他人打擾的地方時，他就會想到：牙醫診所！

無論哪些致勝習慣對你有效，現在就立刻培養。把這些行為變成每天的習慣，一旦有需要的時候，馬上就能派上用場。

2. 提防「身分竊盜」

要不是和麥肯錫「校友」，也就是大名鼎鼎的泰德．霍爾（Ted Hall）在新加坡共乘計程車二十分鐘，麥肯錫的管理合夥人（即CEO）多明．巴頓（Dom Barton）不會知道自己一直是「身分竊盜」的受害者。那天早上七點半，兩人在飯店大廳準備出門，他們八點要與新加坡財政部長開會。看到霍爾出現，巴頓簡直呆住了。

「霍爾體格魁梧，是個熱情的人。」他回想：「他當時穿了一件寬鬆的紅色夏威夷襯衫。」巴頓馬上要求對方換一件衣服。「你不能穿這樣和財政部長見面！」

霍爾完全不爲所動。巴頓面臨了兩難：是要對方穿這件襯衫，還是要他乾脆不穿襯衫。最後，他們還是上了計程車。

巴頓想把握時間準備一下，於是要求霍爾拿出他應該帶在身上的文件。霍爾聳聳肩說：「什麼文件？」巴頓開始責備他，但霍爾插嘴打斷了他說話。「巴頓，要是我有文件，我也會撕碎丟出車外。」他這麼說。巴頓在震驚之餘低聲嘀咕，「或許我們應該取消會議，你累了，大概是時差……」

霍爾又再次插嘴：「問你一個問題：你是有趣的人嗎？答案肯定不是，你一點也不有趣。其實我覺得你是我所認識最無聊的人。我知道你在進公司前有自己的一套習慣，但我們早就要你改掉。這是一個問題。我玩音樂、吹法國號、創了爵士唱片品牌、駕駛帆船橫跨太平洋。除了工作之外，你做了什麼？為什麼大家要跟你這樣的人在一起？」

這些尖銳的話來自巴頓一向尊敬的人，而且這番話全是爲了他好。霍爾點出了一個事實：如同不少現任及未來的CEO一樣，巴頓已然淪爲「身分竊盜」的受害者。他在職場上的身分、他對工作的過分投入，已經吞噬了整個人生。這種情況很容易發生，而且衍生的問題會隨著你在職場上愈爬愈高而不斷惡化。如果你成了空有軀殼的工作機器，很快就會燃燒殆盡，但這還不是最糟的下場。如果大家感受不到你拿掉頭銜之後身而爲人的眞實溫度，你的領導效果將會大打折扣。

避免讓工作偷走你的個人身分。務必投資時間經營除了CEO工作或地位之外的其他面向。如今，巴頓將時間花在他喜歡的活動，像是跑馬拉松、和家人朋友相聚，以及爲了休閒和增廣見聞而閱讀，閱讀的內容與工作上的問題並不直接相關。他發揮頂尖領導者的專業，確實管理日常生活，確保人生能夠一直豐富而精采。

巴頓統整了十六項指標，方便他追蹤人生狀態，其中有好幾項健康指標，能幫助他確認自己並未因工作而忽略生活。他也許永遠不會吹法國號，或到加州納帕種植盧瑟福（Rutherford）葡萄、參加葡萄酒比賽（這是霍爾最近熱中的新挑戰），但他也沒必要刻意這麼做。重點是，巴頓要將時間和心力花在自己身上，過自己的人生。另外，他也成功塑造了熱愛成長和學習的公衆形象。如果你能對自己和他人坦承，其實你並非無所不能的超人，CEO的包袱就不會這麼沉重。你跟一般人一樣有弱點，也會犯錯。

那天在計程車上，霍爾告訴巴頓一個領導工作的眞相：「領導者的職涯會經歷三個階段。首先，別人會從你的工作能力認識你；接著，別人會因為你廣博的學識而認識你；但最終別人會想追隨你，是因為你所展現的個人真實面貌。」所有領導者都會經歷這個過程，CEO尤其明顯。

我們見過許多領導者在擔任CEO的機會出現時，努力在個人身分中加入他們認爲CEO應有的特質，不惜犧牲個人本質賣力工作，只爲了符合該職位的要求。舉例來說，普林斯頓神學院院長克雷格．巴恩斯告訴我們，一開始他很掙扎，不確定是否該接下這份工作，他擔心一旦接掌如此知名的機構，隨之而來的驕傲和傲慢氣息，有違他身爲基督徒的信念。另外，還有一位領導者以口無遮攔的幽默和率眞個性聞名於業界，她擔心自己當上CEO後，必須成天戴著冰冷的面具生活，這令她渾身不自在。比起戴著面具的CEO，以眞實樣貌示人的CEO終究才能過上更好的人生。

3. 尋找知己和親信

在經營公司之餘，建立顧問人脈永遠不嫌早。這些人可以理解你在半夜醒來，仍心繫成千上萬名員工及其家人的責任心。他們可以不忌諱你的職位頭銜或拘束於個人立場，爲你提供清晰透明的商務建議。

從你當上CEO的那一刻起，會有許多人秉持協助的名義上門提供各種建議，包括顧問、銀行家、律師、培訓師，以及多年不見的泛泛之交。一夕之間，你吸引了一大票願意伸出援手的支持者。你需要建立值得信任的交際圈，不是招募整支軍隊。以下幾個篩選條件或許會對你有幫助：

- **目的**：若考量你眞正需要的建議，身邊那些提供幫助的人，是否會涉及個人利益？如果沒有，他們能否至少對你坦承他們的目的，並誠實面對自我？他們的目的與你的目標，有哪裡相互衝突或吻合？例如，身邊的銀行家或律師建議你考慮規模更大的收購案，理由是這能讓公司快速成爲市場霸主，還是他們能因此獲得更鉅額的服務費？除非你可以跟對方眞誠溝通，而他們也願意坦承相對，否則不必浪費時間。
- **好感**：信任一個你不喜歡的人很難，尤其當你希望同時獲得情感面和實際面的支持時，更是如此。一位CEO曾經跟我們說，她挑選培訓師的條件，是對方要讓她「迫不及待地想多花時間跟他相處」。不管你對好感的標準爲何，務必挑選能給你好感的人當顧問。
- **能力**：這些人知道何謂「卓越」嗎？他們有能力挑戰現況，提出嶄新或更宏觀的觀點嗎？他們是其專業領域中的佼佼者嗎？等到你當上CEO，可能已經擁有值得信任的顧問。現在該仔細思考，他們是否擁有夠堅強的實力陪著你前進。

★★★

我們一直覺得這一章是本書「美中不足」的地方，但又非寫不可。本書第一部分和第二部分的重點，在於協助你追求夢想工作，第三部分則是試著引導你避開常見的問題和危險，避免你擔任CEO的生涯跌跌撞撞。我們刻意點出最有可能發生問題的地方，並提供預防方法。

得知有這麼多困難需要面對之後，或許你會好奇CEO是否眞正喜歡這份工作。我們從不下百位受訪者口中聽到的答案都是：喜歡、喜歡、喜歡。以瑪德琳·貝爾爲例，現在的她與當CEO第一年時簡直判若兩人。這段日子以來，她的生活充滿「我不敢相信，趕快捏我一下」的時刻，例如，最近醫院辦了基因科學家特展，醫界衆星雲集。「這類場合不算少，每次我都覺得既驕傲又激動。」她說：「我終於體會到董事長約莫十八個月前跟我面談的心情，現在的狀態讓我覺得開心又興奮。」

詢問CEO在任期間經歷過哪些「不可置信」的重大時刻時，我們原本以爲會聽到出席白宮會議、到世界經濟論壇參加邀請制聚會、搭乘公司專機飛到私人小島等答案，或是看到CEO徹底享受著這份職務帶來的好處和特權。然而，不管是市值五千萬美元的公司，還是《財星》雜誌五百大企業，問到CEO最難忘的體驗時，我們反而從他們口中得到類似的回答。他們最喜愛的時刻，就是看著團隊陶醉在勝利的喜悅中，而且他們知道自己以領導者的角色，幫助團隊實現了眼前的一切。從這裡，我們要接續下一章的主題（也是首次擔任CEO的受訪者最常提到的問題）：挑選團隊。

重點回顧

❶ 恭喜！你成功了！不管你現在感覺激動或緊張，都是正常現象。一般通常需要兩年時間，才會習慣CEO這個身分。

❷ 寧可過度謹慎，也不可不知眼前即將面對的所有狀況。只要有未揭發的隱憂，就有受傷的危險。

❸ 主動安排行事曆及需要占用你時間的所有要求，別成為被動應付的一方。

❹ 習慣鎂光燈下的生活。記得微笑！這會有所回報。

❺ 運用CEO有權動用的所有方法。如果你還是從以前的角度看待世界，你並非稱職的CEO。

❻ 記得呼吸。尋求適當協助，從容應對CEO職務中的各種試驗和挑戰。

Chapter 10 快速整頓你的團隊

讓我們陷入困境的不是無知，而是自以為是的謬論。

——馬克・吐溫（Mark Twain）

你能擁有今天的成就，至少有部分原因是你組織了一流團隊而聲名遠播。事實上，你所招攬及指導的主管，可能就是你引以爲傲的主因。你有願意全力以赴的人才，他們追隨你換過一家又一家公司。你了解開除部屬的痛苦感受，也知道不及早將績效不佳的員工除名，對任何人都沒好處，但還是遲遲無法行動，這樣的兩難滋味你也冷暖自知。

因此，我們接觸的CEO當中，幾乎所有人在接下這份工作時，都自認爲了解如何組織團隊。「沒問題。」他們時常這麼說，然而事實是：**組織團隊的種種挑戰，是新手CEO最常遭遇的挫折。受訪的CEO中，即使他們都擁有豐富的管理經驗，但仍有七十五%曾經在打造團隊時犯下嚴重錯誤**①。

升遷路上，大多數高階主管總是自認爲懂得管理人才，怎麼可能在成爲CEO後反而付出慘痛代價？到了這種位階，識人不明的代價更爲沉重，也會比以往更引人注目。CEO在鎂光燈下應付著經營公司的無窮壓力，人事方面一旦發生問題，只會被無情地放大檢視。

拉伊．古普塔（Raj Gupta）在一九九九年當上特殊化學品公司羅門哈斯（Rohm and Haas，今已併入陶氏化學公司〔Dow Chemical〕）的CEO，當時，他所遭遇的情況就是活生生的例子。古普塔在二十幾歲時，從印度來到美國，身上只剩下八美元，完全料想不到有朝一日能成為CEO。他出身化學工程師，要在全是化學專業人員的公司展開職業生涯，他很清楚擁有一支強大的團隊有多麼重要。由於他是透過公司內部管道升上CEO，因此相當熟悉所有人員，對於誰該留任、誰該淘汰，他自認為了然於胸。

然而，他的認知與現實起了衝突。古普塔面臨一道棘手的難題，就是為同樣競爭CEO大位的其他同仁安排職務。亞瑟（化名）在公司待了好幾年，董事會和其他員工對他的經驗及資歷相當看重。在古普塔的成長環境中，開除亞瑟這樣的員工「並非明智之舉，尤其董事會已清楚表態希望留下他。」古普塔邊回想邊說道。簡單來說，亞瑟的位子動不得。但亞瑟對於未能問鼎CEO職位一事，毫不掩飾失落心情，從一開始影響工作士氣，到最後甚至影響工作表現。古普塔說服自己隱忍這一切，一邊試圖尋找解套辦法。

此外，在他上任後幾年間，公司營運就面臨嚴苛考驗。二〇〇一年的金融危機重創了羅門哈斯公司，不僅股價跳水，必須吸收重大損失，客戶的購買量也減少了。對於任何新上任的CEO來說，這都是極具挑戰的開始，而在古普塔眼中，這更是攸關職涯的危急之秋。他和許多人一樣，儘管知道「盡速將團隊整頓到定位」的道理，但要實際落實，其實相當困難。古普塔面臨了證明自身實力的龐大壓力，但直覺告訴他，無法任意調動亞瑟的職位。於是，他讓這位績效不符預期的高階主管繼續留在團隊中，最後是董事會主動問他：「你什麼時候要開除這傢伙？我們是不是應該開除他？」

最後，古普塔不僅順利度過難關，更成功領導公司長達九年。二〇〇八年七月，他在金融危機期間，以一百八十億美元將公司出售給陶氏化學公司，正式卸下CEO職務。但回顧初期的人事問題，古普塔看透了這一切。「我們的士氣受挫了嗎？我們失去動力了嗎？」他說道：「沒錯，我們的確受到影響。如果可以重來，我會採取不一樣的方式應對。」古普塔知道正確答案，但執行上綁手綁腳。唯有事後回想才明白，當時他應該，也必須快刀斬亂麻。

我們不斷地見到類似的情節反覆上演。確切的理由或許不同，但結果都一樣：「我知道應該這麼做，但我現在無法實踐。」排除萬難頒布人事異動，所牽涉的風險不小，而冒險的感覺是那麼具體且真實，相形之下，找到合適人選加入團隊的樂觀感受又太短暫，令人感覺不夠篤定。

比起與董事會的關係，團隊的人事問題帶給CEO更多麻煩，事實上，這比之前談過的五大隱藏危險還要難處理。如果你在職涯早期讀到這一章，就能預先做好準備，及早熟悉建立致勝團隊的技巧。不妨想像一下，你的職涯發展可以因此加速多少。

本章分享的方法適用於眞實情況。或許在當上CEO時，將一支精挑細選的完美團隊隨即安排到位，且團隊成員個個都是一時之選，聽起來過於夢幻，但若要撤換人選，務必要快。我們訪問的成功CEO都會主動改組團隊，在上任一年半到兩年期間，通常會換掉四〇%至六〇%不等的直屬員工②。

一想到人事安排，每位新任領導者要思考的第一個問題是：如何在最短時間內讓這支團隊脫胎換骨，蛻變成我需要的團隊？

就職演說

你一定聽過吉姆．柯林斯（Jim Collins）的名言：「先找好人，再決定方向③。」他對組織發展提出的概念正確無誤，但是當我們輔導CEO新人時，其實會將他的建議反過來用。結果證明，要找到正確的人選，最好的辦法是先告訴團隊努力的方向。你的領導身分代表著什麼理念，你的出現會對組織和每個人帶來什麼意義？

大家都知道，新的領導者會在組織中留下印記。新的領導者上任後，時常會帶來新的能量，為組織注入革新的正面動力，同時也會在團隊中激起不少焦慮。領導者剛到工作崗位，可能連從辦公室到廁所的路線都不熟悉，但員工早已在網路上大肆搜尋你的資料，臆測及假設你的個性、領導風格，以及推敲這一切可能對他們造成的影響。

你的出現代表著不確定感，甚至可能產生威脅，而這可能很快就會演變成疏離感，甚或意謂著失去最優秀的員工。第一印象永遠沒有第二次機會可以彌補，整個團隊一定都在觀察及解釋你的一言一行。在不確定感水漲船高的情況下，大多數人會不自覺做好最壞的心理準備，從原本追求工作效率，轉而研擬逃難規畫。**接掌**

CEO職位的姿態通常能傳達強烈訊息，除了適度展現氣勢，也為你接下來的任期定調。傑出的CEO會把握機會經營領導形象，第一步往往就從我們所謂的「就職演說」做起。

二〇〇六年，知名矽谷投資人梅納德．韋伯（Maynard Webb）成爲客服中心公司利歐普斯（LiveOps）的CEO時，他治軍嚴厲的領導風格，早就搶先一步傳遍公司上下。在這之前，他擔任億貝公司（eBay）營運長期間，公司原有兩百五十名員工、營收一．四億美元，後來公司蓬勃發展，成爲擁有一萬兩千名員工、營收超過四十五億美元的科技巨擘，他可說是厥功甚偉。其豐功偉業在交流綿密的科技圈中無人不曉，當然他的強硬作風也不脛而走。韋伯接掌利歐普斯公司時，該公司的團隊年輕有朝氣，崇尚樂在工作的企業文化。

當上CEO後的首次全體大會，韋伯走上講台，一心想跟大家分享他對公司的願景，以及對未來發展的殷殷期待。然而開放提問時，團隊比較急著想知道其他事情。「聽說你在億貝公司時，員工都很操。」一位資深工程師道出許多人的擔憂。「我們也會變成那樣嗎？」部分團隊成員擔心著往後的日子可能無法兼顧工作要求和生活，因而對眼前的表現機會抱持保留態度。

雖然這個問題著實嚇到了他，但他沒有因此退卻，仍直言不諱地爲日後的領導作風定調。「我知道在利歐普斯的各位都抱著高度熱忱來上班。億貝公司是公開上市的成功大企業，但我們現階段還未達到那個境界。所以，沒錯，我們會需要努力一下。」他這樣告訴在場的所有人。「事實上，我們需要比當時我在億貝公司時更拚命工作。如果不願意這樣，就不該選擇新創公司。」

他很勇敢地利用那次機會，正式宣布自己的理念：高理想、高標準，面對現實，認清眼前的挑戰。接著，他用遠大的藍圖作結：「因為我們以前在億貝公司如此賣力，現在很多人才不需要辛苦工作，我希望這個理想也能在這裡實現。」他的論點清楚明確：**努力工作可以帶領我們達到很棒的境界，對公司整體及個人都有好處**。

在短短的演講中，韋伯精采呈現了就職演說應有的樣貌。雖然稱不上是激勵士氣的喊話，但內容具體如實地表達了本人的個性、預計的領導方向，以及達成目標所需的努力。這些要素極為重要，不該任由所有人盲目猜測。準備就職演說的幾項要點如下：

● 現況評估

你對組織的營運情況有何認知？檢視對企業的認識時，務必對你上任前即已達成的目標和成就，展現眞誠的尊重。另外，清楚表達理想與現實的落差，以及眼前的機會也很重要。以個人的角度提供生動活潑的細節及案例，可展現你與員工和企業之間的連結。

●未來願景

普通水準的CEO會列一張任務清單，眞正卓越的CEO會描繪一幅抵達終點的畫面。美國前總統甘迺迪所說的「這十年要把人類送上月球，並讓他們安全返回地球」一番話，除了激勵人心，也相當具體清晰④。他清楚描繪目的地的樣貌，明確而令人嚮往。表達願景時，你需要設定的水準應是如此：呈現動人的未來景象，同時給人滿腔熱忱及具體的目標。

●組織理念

欲實現你心中設定的願景藍圖，你認爲哪些理念不可或缺？舉例來說，瑪麗・伯娜任職於《讀者文摘》時，以六大原則要求自己（和組織），其中營運效率居於首項要務。

●宏觀視野

世界上發生的哪些事情會對產業、公司及你的決策造成影響？

●行動呼籲

還記得將直升機公司救出營運亂流的比爾．亞梅利奧嗎？他很早就對高階管理團隊釋出行動呼籲，藉此創造公司需要的動能。在清楚說完公司財務的嚴重情況後，他接著說：「市場、貸方、董事會都在追殺我們。在這場戰役中，我們都在同一艘船上。我需要大家貢獻最棒的想法，不是暗中捅自己人一刀。這場仗一定得贏。願意一起努力的留下，不然就退出。我需要每個人清楚表達意願，如果不想加入，請馬上告訴我，明天你就能離開。現在，請大家集思廣益，提出最棒的解套方案。」

●領導風格

員工滿腦子只想趕快知道如何與你共事，而要滿足他們的期望，其實很簡單：直接告訴他們。你打算怎麼帶領整個組織？你會如何分配時間？你喜歡怎樣的溝通方式？

最近，我們與一名從銷售業務起家的CEO合作。當他接掌一家科技公司時，其他資深的高階主管無不假設他會過度注重銷售業務，而忽視技術和製造層面的限制，最後演變成向客戶承諾的產品無法順利交貨。初期開會時，他就翻轉了大家的期待：「你們可能認為我只在意新訂單，其實不然。在第一年內，我會找時間接觸產品相關團隊及客戶，確保我能完全了解我們的產品、提供的服務，以及無法供應的項目。希望到時候大家能幫我一把。」

上任三到六個月期間，你需要準備不同版本的就職演說，多次以不同媒介向不同對象傳達理念。梅納德·韋伯每週都會向全公司更新他最在意的事務，並分享過去一週間從員工身上觀察到的積極行爲。他表達了自己的目標，每季由董事會評比他的表現，接著他再將此結果告訴所有員工。他這麼注重溝通的目的，是要「塑造我的親民形象，讓大家知道我很樂於分享」。此外，他也利用這種方式向員工傳達一個訊息：雖然對員工要求嚴格，但也會以相同標準嚴以律己。

就職演說能幫助組織做好準備，迎接新氣象，但你每天的行爲舉止也必須持續呼應當初所傳達的理念。

六張可能害你深陷危機的「人事安全牌」

現在，你已經對組織表明你的領導作風及期許，算是為日後奠定了領導基礎。你清楚明白有需要（也想要）重整團隊，但即便是行事果斷的CEO，也時常受困於危險的僵持局面：「沒錯，他必須離開……但不是現在。」

如同古普塔在羅門哈斯公司的經驗一樣，開除員工的確沒有那麼簡單。組織內的政治生態可能會出現衝突及反對的聲音，或是對你施加壓力。領導者本身也同樣會面臨人性的兩難。人事爭議想在短時間內解決，的確是一大挑戰，對此，所有人應該都有同感。

在這些妨礙前進的阻力中，恐懼最有份量，也是最常見的因素。**新上任的領導者最脆弱，這樣的狀態可能導致他們在最需要勇氣及決斷力時，反而屈服於慣性，判斷也容易失準。**

我們發現，大部分CEO犯錯的主因，不外乎是人性對安全感的渴望又再次成功引誘他們走上歧路。我們對現況本來就會感到比較安心，但這種態度和義無反顧的保守主義並無二致。突然間，你背棄了速戰速決的初衷，轉而懷疑自我，或是裹上能帶給你安全感的「小被被」，都是這樣的緣故。

與其說人事問題是上等好酒，不如說它比較像是從冰箱拿出來的魚——當下從團隊中發現的問題，並不會隨著時間而好轉。如果一味忍受高階管理團隊績效低落的陋習，可能只會讓公司、你的努力及其他數千名傑出員工的付出付諸流水，而且這對罪魁禍首也毫無益處。

以下是領導者最常使用的六張「安全牌」，儘管多麼審慎考量，結果往往還是不如人意。

1. **維持現狀**：領導者選擇續用原有的團隊，或是未根據新職位的需求重新評估，就提拔信任的原班人馬，謹守能給予安全感的工作夥伴。很多人寧願讓「熟悉的惡魔」常伴左右。
2. **背景資歷優先於相關表現**：比起謹慎對照候選人過往的實際成果和職缺的未來需求，領導者時常挑選推薦信最亮眼的人。
3. **默認董事會的決定**：董事會和前任CEO時常會推薦接班人選。面對這類情形，領導者會先入爲主地認爲自己「毫無退路」，而不堅持採取客觀的評選方式。

4. **過度重視幫助他們登上職涯巔峰的貴人**：領導者一旦從激烈競爭中脫穎而出，拿到夢寐以求的工作後，時常會對幫助他們實現夢想的人懷抱萬分感謝。飲水思源和忠誠，是維繫人際關係的重要基石，但在挑選人才時，這些特質也可能帶來風險，阻礙了決策。我們曾目睹領導者出於對某人的忠誠，聘請及留任某些成員，而非冷靜地評估工作能力，最終以失敗收場。

5. **網羅與自己相似的人**：在新上任的領導者眼中，選擇擁有和自己相同特質及類似背景的人選，通常感覺比較安全。因此，與其尋找能爲人才庫增添多樣性和互補職能的人才（這是團隊成功的重要條件），他們往往會挑選具備相同技能及經歷的對象。

6. **避開可能成為「競爭對手」的人才**：如果團隊中有個幹勁十足且野心勃勃的成員，領導者的角色只會愈難擔任，因此新領導者可能寧願屈就於「能力尚可」的人選，免得日後備受威脅。

最後一張「安全牌」是最不可取的思維。我們最近正在輔導一位CEO新手，他的領導黃金原則就是盡可能避免落入「競爭陷阱」。在他正式當上CEO前，人力資源長是大力推薦他的主管之一。包括董事會在內，所有人都認爲人力資源長一定會繼續留任。然而，新CEO第一個開除的資深高階主管，就是當初支持他的人力資源長，原因是人力資源長刷掉了一個完全符合條件的絕佳人選，並對他說：「這個人不能用，他的能力太好了，以後一定會是你的死對頭。」在那當下，CEO突然意識到，人力資源長的思維與他的願景和理念其實互相牴觸。「我不想只延攬一個那麼有能力的主管，我需要五十個。」他說。

迅速整編團隊

不過，還是有CEO成功避免了六大「安全牌」，快速且順利地重整團隊。我們從他們身上整理出四個萬無一失的用人原則。無論身處職涯的哪個階段，都很適合參考。

1.擬定書面人事規畫

如果你要規畫技術投資、新據點開幕、縮小製造廠區，或執行其他任何重大商務方案，你大概都會準備幾頁文件，詳細說明商業案例、成功指標及執行計畫。那你最近一次針對短、中、長期人事規畫，以同樣規格通盤研擬及記錄「必執行事項」是什麼時候？

思考要將誰納入團隊時，能力並非唯一的衡量標準。在組織強大的團隊時，須考量以下三個因素：

- **願景**：這個人選是否具備能為你實現願景的特定能力及策略？有沒有實際表

現可以證明？

- **契合度**：人選是否符合你的理念，又是否契合你爲公司設定的發展方向？勇於表達的個性及多元觀點，是所有團隊不可或缺的要素，但若是理念不合或不認同你的領導方式，便無法與你攜手將事業往前推進。
- **整體配合度**：這個人選能否補足你及其他團隊成員欠缺的能力及特質？

記得要以展望未來的視野（而非從過去的角度）評估團隊。從未來一至兩年的需求來看，成員之間的能力和經驗如何相互配合？未來五年呢？團隊是否具備帶領公司迎向未來的能力？

釐清這一切之後，以書面方式詳實記錄，包括確切的里程碑及時間點，這是你對自己誠實及保持前進方向的唯一辦法。若不確定任何同仁是否符合以上各點，可先記下你決定該名員工去留的確切指標及里程碑，並寫下你如何提供支援。

2.明星才能演活主角

湯姆．莫納漢是商業資訊服務公司CEB的前CEO，聰穎睿智，在該公司中，扎實分析是所有人奉爲圭臬的至高準則。所以老實說，當他告訴我們，他是在麻州索爾茲伯里（Salisbury）的沙灘樂園想通了一個重要的人事道理時，我們著實嚇了一跳。

他的家人在那裡經營露天遊樂場，木棧道上有遊樂設施和遊戲攤位兩種娛樂活動。遊樂設施只要正常運作，就足以吸引大批遊客排隊搭乘，所以工作人員只要注意安全及效率即可。但遊戲攤位就是另一回事了。多才多藝的藝人可以爲攤位招攬生意，讓攤位前面大排長龍。深受大衆喜愛的角色人物（神槍手！長髮公主！）本身就是吸引目光的焦點。若不是這些「藝人」在現場娛樂遊客，遊樂場必定會黯然失色。

在公司裡也一樣，你必須知道哪個職位需要安排「神槍手」（一流的頂尖人才），哪個職位只需一個表現穩定的人選，每天準時處理完公事即可。思考每個職缺的人選時，不妨問問自己：「從達成願景和目標的角度來衡量，這份工作有多重要？這個人選需要為團隊創造競爭優勢，還是擔任值得依靠的螺絲釘角色，確保團隊有效率地運作？」

3. 高昂的績效漏洞代價

過去，你在升遷過程中，團隊總會有幾個績效不如預期的成員，只要你多費點心思幫助他們，工作一樣可以順利完成。但當上CEO之後，這麼做只會讓公司曝露於風險之中。**你花時間彌補某人低於預期的工作績效，意謂著你身為CEO的職責就會因此耽擱**。你不再有時間（時常也沒有相關經驗）親自了解工作細節，幫他人完成工作。比起你之前的職務，CEO可以專心處理公事的時間大幅度縮水。所謂的「績效漏洞」，指的就是表現不彰的團隊成員。要是五位負責損益的總裁或總經理中，有兩人的績效都只達到八〇%，公司當季的整體目標必定無法達成。

我們最近才目睹一位CEO丟了工作，原因是他遲遲未開除能力不佳的科技長，導致公司商業模式的品質和技術研發速度不盡人意。那家公司需要一位能力出衆的科技長，但由於該CEO擁有很強的技術背景，以爲可以彌補科技長的不足，但是他錯了。重要專案進度落後，於是成本開始增加，加上CEO接觸客戶的時間受到擠壓，導致他未在最需要的時候適時出面。公司的營運陷入困境。CEO終究失去了董事會的信賴，十九個月就卸任下台。

雖然說你沒時間「抓漏補洞」，但不代表不能留下仍有成長空間的重要人員。

只要有進步的潛力，就可能成爲適任的主管。但若手上有太多績效漏洞需要處理的話，仍然會對你造成工作負擔。擔任重要職位的人必須是即戰力，你不能是他們在職涯發展上的唯一支援。頂尖領導者通常會更廣泛地評估整個團隊的能力組合，這時不妨自問：整個團隊是否擁有需要的重要能力及經歷？團隊內外擁有哪些完整的支援資源，可以協助團隊發揮所有潛能？

4. 根據你對「卓越」的定義，為每個職位設定更高一點的標準

或許你不是每次都能精準判斷誰是嶄露頭角的新秀、誰的實際表現需要關切，尤其是在你專業之外的領域，判斷難免會出錯。有位新任CEO據說看人的眼光很準（在此以法蘭克稱呼他），最近艾琳娜和他一起檢討他對團隊成員的初步評估結果。聊到法務長時，他聳肩說道：「呃，我見過更差的，他就留下吧。」若以十分爲滿分，那位法務長最多只有五分。法蘭克打算透過收購及爭取長期合約，來帶動公司大幅成長，這些手段都需要一支強力的法務團隊做爲後盾。公司需要一位滿分的法務長，但法蘭克完全低估這個職位的重要性。七個月後，董事會把他拉到一旁，私下表達對法務團隊的能力相當質疑，暴增的法務開銷及緩慢的簽約速度也讓

他們極爲擔心。法蘭克事後回想，當時他認爲這些來自董事會的異議只不過是自扯後腿，還會衍生龐大成本。他並未意識到稱職的法務長需要給予公司哪些支援。

同樣地，成長快速的企業中，CEO（尤其創辦人）時常無法秉持夠高的標準，來要求公司迎向未來所需的人才。換句話說，他們不能滿足於當前的成長幅度。位於德州麥金尼（McKinney）的屋頂產品經銷商SRS Distribution（以下簡稱SRS）是美國數一數二的成功企業，其成長速度驚人。在產業資深老手羅恩・羅斯（Ron Ross）和丹・汀克（Dan Tinke）的帶領下，SRS公司於二〇〇八年至二〇一三年期間爲投資人帶來七・六倍的投資報酬率，驚豔業界。羅斯和汀克並未自滿於此而停下腳步。二〇一四年，他們前來諮詢領導視野，問到如何在五年內率領公司成長三倍，並在人才戰爭中制霸。若滿分爲十分，管理團隊自認在拓展企業規模方面的整備度已有六・五分。

截至當時爲止，他們的成功大家有目共睹，但他們知道，公司要能繼續壯大，勢必得擁有新的人才組合。透過一連串面試及分析整個團隊，SRS公司針對理想中的未來藍圖擬定了獵才計畫。在各方的衆多建議中，羅斯和汀克重新思考整個領導團隊可以提供他們什麼支援。之後，SRS公司繼續茁壯，而羅斯和汀克將成功歸功於本章提供的各個觀點，他們才能在人才遴選時做出正確的決定。

那麼，最優秀的領導者究竟是如何避免在選才時打出六張「安全牌」？答案在於他們會**回到原點**，重新思考合適人選。**想像你得重新編制整個團隊，不受限於現有的成員而有任何先入為主的想法，並以成功實現公司願景和目標為唯一目的**。擺脫認知上的所有限制，仔細檢視組織日後發展的需求。根據公司未來發展方向所需的能力、技能和經驗，重新設定你看待這些方面的角度。唯有如此，你才能眞正評估團隊狀況，了解與理想之間還有多大差距。這不僅是每次到新工作崗位的慣例，每年也要定期衡量。

另外，成功的CEO也不會閉門造車。他們知道何時需要參考外部人士的視野，將自己受限的想法向前推進。你可以委請他人擔任嚴格的把關人員，以事實檢驗你的假設是否正確，或許不失爲一個不錯的辦法。如果遇到經驗較爲不足的領域，不妨求助相關人士尋求指導，就像出身銷售背景的CEO接管科技公司時，會任命上一份工作中値得信賴的科技長爲顧問，協助其評估產品團隊的能力。最後，借鏡之前曾解決過類似問題的CEO，向其請教相關建議，也能受益良多。例如，假設你所管理的公司市値五億美元，可試著鎖定市値從兩億美元成長到二十億美元規模的公司，向其CEO討教遴選人才的相關議題。

經營共同的新語言

在這握有至高權力的新崗位上，如何與團隊和公司維持適當連結，是另一項挑戰。帶領公司的同時，該如何適度地讓出舞台給你精挑細選的工作夥伴，讓他們發揮最佳實力？

過去，你或許可以憑藉著自身擁有的知識和洞察力，透過重大決策爲公司的發展加分。但隨著你的位階愈來愈高，以擁有的精闢見解、資訊或經驗所直接產生的價值愈來愈少。在這方面，我們喜歡湯姆·艾瑞克森的說法，曾擔任多家公司CEO和董事長的他認爲，「CEO的領導工作有九〇％都在修正行為。」所謂行爲修正，就是設法讓一群人以協調一致的方式合作，共同達成組織設定的目標。記得充分信賴同仁並騰出適當的空間，讓他們可以盡情發揮，不過，你也需要尋找合適的機會，善用你的身分確保所有人誠實無私，且工作成果符合要求及持續進展。依據你對員工、團隊或整個組織傳達的訊息，妥善選擇介入或參與的時機。

你做的決策中，最重要的是判斷何時只當啦啦隊，爲員工加油打氣、提振士氣；何時必須挺身而出，勇敢承擔。兩種作法各有適合的時機和目的，一流的

CEO會深思熟慮，有策略地做出決定，不是光憑直覺反應。由於「放大效應」的加持，CEO的權力表現會對身邊的人形成加乘影響，因此，不管你多麼輕描淡寫，你所提出的建議，旁人都會覺得像是宣言一般重要。優秀的CEO會刻意經營微不足道但獨樹一格的行爲舉止，從中傳遞重大訊息。我們從CEO身上發現了幾種獨具象徵的肢體語言，部分實例如下：

- **表達「這很重要」**：莫納漢在CEB公司擔任CEO期間，他會閱讀公司製作的每一份基準指標研究報告，偶爾會針對讀到的內容提供確切的看法。他所建議的事項其實並非重點，最重要的是，他傳達了一個強而有力的訊息，亦即產品的品質和客戶的使用體驗是身爲CEO的他最重視的事情。
- **表達「我正在注意」**：CEO臨時前往工廠巡視，或滿臉笑容地到大廳與員工握手寒暄，目的是要提醒所有人，天天都有追求卓越和犯錯的機會，是的，保持努力的心態很重要。
- **表達「我知道你會處理」**：出席會議時只是靜靜聆聽。廢棄物服務公司聯合廢料（Allied Waste）的CEO約翰．左爾莫（John Zillmer）帶領公司徹底擺脫逆境，可以說是相當成功的典範。但是，如果你有機會參加該公司的管理會議，會很驚訝地發現，他時常不發一語。他會在重要場合亮相，但會用沉默表示「有合適的人會妥善處理」。

- **表達「我們只是在討論，不是決定」**：艾睿電子公司前CEO史帝夫．考夫曼想提醒員工，他參與討論和辯論的目的是在探討各種可能，不是下指導棋。這種情況下，他真的會脫下寫著「CEO」的帽子（一頂棒球帽），再戴上印著「隊友」的帽子。「不然的話，要是我提出問題，大家會以為我給了答案，他們必須照辦。」他說道。
- **表達「我要知道真相」**：考夫曼不會直白地要求直屬員工告訴他最毫無掩飾的真相，但他可以確定：壞事一定傳千里。每次有人帶來消息，即使不是他想知道的資訊，他也會對前來報告的人表達感激，同時故作鎮定地回應。
- **表達「再忙還是願意聽你說話」**：即使全校學生超過一萬六千名，史丹佛大學校長馬克．泰瑟—拉維尼（Marc Tessier-Lavigne）依然保留時段給有需要的學生。所有註冊入學的學生都能上網填寫報名表，與校長面談十分鐘，面談機會甚至還會優先讓給首次報名的人⑤。
- **表達「我也是一般人」**：不論你是效法泰德．霍爾穿上夏威夷襯衫，還是試著用其他辦法展現個性，一般人都會希望與有溫度的人共事，不想成天面對西裝筆挺的冷漠機器。對部分CEO來說，展現謙遜的幽默感可以獲致很棒的效果。《讀者文摘》負責人瑪麗·伯娜汰換了團隊中的半數成員，有一天在公司對外的場合中，她正好有機會發放萬聖節服裝。她幫自己選了什麼角色呢？《綠野仙蹤》的女巫。

所謂領導語言是指動作，不是文字；這是釋出訊息，不是下達命令。成功不再是你一人獨享，應歸功於整個團隊。

重點回顧

1. 你或許認為自己對團隊成員已經相當了解。事實上，你選對人才的機率只有四分之一。**新手CEO所犯的錯誤中，有七十五％都與整編團隊有關，他們大多未能迅速組織好理想的團隊。**
2. 第一印象永遠沒有第二次機會可以彌補，因此請運用宗旨強烈的就職演說，塑造個人形象。
3. 擬定書面人事規畫。評估人選時，至少要像其他商業決策一樣保持同等客觀，睿智分析。
4. 明瞭哪些職務需要安排「明星級」員工負責。
5. 盡可能減少「績效漏洞」。
6. 善用蘊含巧思的行為舉止與團隊溝通。
7. 如需其他有關組織團隊的相關建議，可參閱傑夫．斯馬特和藍迪．史崔特（Randy Street）合著的《誰：招募人才的方法》（*Who: The A Method for Hiring*，中文名暫譯》和《成功領導方程式》等書；艾倫．佛斯特也是後者的合著作者之一⑥。

Chapter 11

與巨人共舞

與董事會和平共處

他的處境如履薄冰。

——史迪格・拉森（Stieg Larsson）

《龍紋身的女孩》（*The Girl with the Dragon Tattoo*）作者

喬（化名）畢業於聲名鼎盛的明星大學，隨後進入兩家世界知名的大企業工作，並順利晉升到管理階級。那兩家公司以卓越營運及「CEO的搖籃」聞名於全球。從副總升上總經理後，他已經是大家所公認的精實高效工作機器，絕對有能力從零開始經營一家企業。

在他工作二十二年後，理應獲得的職位終於找上門。私募股權公司打電話給他，告訴他中西部有一家中型規模的農業器具公司，願意聘請他擔任CEO。掛上電話之後，他在飯店中不禁發出勝利的吼叫。屬於他的時刻終於來了！

他帶著一貫的活力依約定來到公司，準備面對艱難的改革任務。私募股權公司很確定他們聘請了正確人選，即使喬沒有農業背景也不成問題。爲了確保他有該領域的專家可以輔助管理，他們在董事會中安插了熟悉產業的優秀顧問，藉此彌補他對農業認知的不足。

當時的情況似乎天時地利皆備，成功彷彿手到擒來。然而，喬意識到許多CEO在獲得夢寐以求的工作後，時常會面對的一道難題，亦即管理公司只是部分職務而已，和董事會相處才是決定成敗的關鍵。不到六個月，董事會就準備開除喬了。

新手CEO通常會感受到天大的壓力。那群傾聽你的難題並冷靜提供睿智忠告的人，**正是**日後評斷你績效的人。你向他們傾訴眼前的每項挑戰，雖然你的恐懼理所當然，但他們還是會以一個問題衡量你：「這傢伙搞砸了嗎？給他的時間夠多了嗎？」董事會有最終的權力和責任，可決定給你這份CEO工作，但要將你開除，也是他們的決定。

董事會的宗旨是要放手讓CEO經營公司，並以有見識的意見從旁輔助，是股東權益的代表人。他們可以提供智慧、經歷、嶄新的觀點，刺激CEO不斷思考之餘，也能就CEO的想法給予初步意見，彌足珍貴。實力堅強的董事會形同潛望鏡，能幫助CEO超脫公司業務及個人經驗，在轉彎遇上麻煩之前，可以提早發現並避免。可惜的是，不是所有CEO都能遇上準備就緒、功能強大的董事會。事實上，在我們採訪的CEO中，只有五十七%認爲公司的董事會能爲公司發展帶來貢獻，在五分裡給出三分的及格分數①。

不管是精明或無用的董事會，如何與董事會合作，往往是新手CEO需要面臨的首要課題。之所以這麼說，是因爲我們的理由充分：**未能妥善經營與董事會的關係，是新手CEO最常提到的三大錯誤之一**。我們檢視手上七十個遭解雇的CEO案例後，發現四分之一都是與董事會的關係破裂所致。當初濃情蜜意的感情，最後以痛苦的分手結束。一旦董事會對CEO產生疑慮，要是質疑的事情未能解決，平均只要兩年，董事會就會開除CEO②。

再回到那家中西部農具公司的CEO喬，這幾乎是他的故事。正當喬如火如荼地實踐計畫時，董事長基斯（化名）無時無刻從質疑的角度，緊盯他的一舉一動。基斯是公司的前任CEO，在公司所有權易手之前，是他帶領公司蓬勃發展。新投資人看重基斯的專業價值，但他無法眞正交出權力。所以，當喬大刀闊斧地改革，與原班人馬意見不合時，基斯自然很樂意居中裁判，最後得出「喬搞砸一切」的結論。他開始主動站在反對喬的立場，不僅對不願改變的員工展現同理心，更慫恿董事會撤換CEO。

喬對經營公司盡心盡力，心力及精神全都花在重組公司上面，期望促進公司強勁成長。不過，他忽略了CEO一項很重要的工作——與董事會建立健康的合作關係。他落入了新手CEO普遍抱持的謬誤，認爲只要成就輝煌的事業，董事會就會心滿意足。每當得知CEO與董事會的關係不佳，我們都會先詢問CEO，他們平常投注多少時間和心力，與董事會建立強健的合作關係。在不少努力不懈的經營者眼中，與董事會打好關係是必要的。他們深知要與董事會保持良好關係，但未必眞正投注時間或有所作爲，去實際經營一段密切的關係。**我們訪問過的成功CEO，平均會用一〇%至二〇%的時間與董事會建立良好關係**③。諸如新CEO

剛上任、籌備股票上市、規畫重大併購交易或出售公司等關鍵時期，這個比例甚至會超過三〇％。如同CEO工作的任何一個面向一樣，若能依照任務的重要順序分配時間和心力，終將會有所回報。

喬是少數得到第二次機會的CEO。董事長向投資人表達他的疑慮時，他們決定委託我們幫忙了解實際情形。在深入訪問過所有相關人員後，我們得到的結論是：喬確實是理想人選，只是投入太少心力經營他與董事會的關係，而且前任CEO基斯是個大麻煩。投資人是這家公司董事會的權力中心。喬始終認為，只要他能繳出漂亮的成績單，投資人就會支持他。但問題是，要有實質成果，需要時間。喬很努力地呈報專案計畫及預計達成的里程碑，但並未投入足夠的心力，或者應該說，他未能以正確方式博取更深厚的信任，以使投資人從監督的角色變成盟友。此外，他也未向投資人強烈反映，基斯的多方干涉已嚴重阻礙公司發展及影響團隊士氣。

未深耕雙方關係的喬，在投資人眼中只不過是仍在學走路的新手CEO，而基斯反而是事業有成，曾為公司投資人貢獻良多的成功CEO。很顯然地，喬處於弱勢，情勢岌岌可危。因此，我們同時輔導投資人和喬，幫助他們建立更深厚的關係。在這之後，喬的部分計畫開始開花結果，使投資人日益相信，他們的確為公司挑選了合適的接班人。

隨著喬的氣勢逐漸攀升，基斯日漸相形失色，而他（不是喬）很快就離開了公司。三年後，公司市值成長五〇％，獲利翻倍，最後也在交易中順利出售。現在，喬接下另一家公司的CEO職位，而且從第一天開始，他就積極經營與董事會的關係，確保雙方取得互信、目標一致。

對於大多數CEO而言，經營與董事會的關係就像擺脫不了的夢魘，有時甚至令人氣餒。董事會是新手CEO的重要資產，但可能未發揮應有的功能。參考本章提供的建議後，你將能更有把握地接下CEO的工作，建立最有利於發展的局面：與一群思慮縝密、經驗豐富的夥伴建立活絡的合作關係，由他們輔助你敏銳思考，使公司和你都能發揮最大潛能，獲致成功。

引以為戒的負面教材

無法與董事會並肩合作的CEO通常符合以下四種類型：

1. 孤芳自賞：「我的工作是經營公司。只要成果斐然，就不必搭理董事會。」

在這類CEO的眼中，董事會是一種「雜訊」，惱人又官僚，能不互動就盡量避免。他們急著以有效率的方式帶領公司快速前進，但很快就會體認到，若未能引領董事會欣然同行，終將付出可觀的代價。看似簡單的決策，難保不會演變成冗長的無謂討論，最後拖慢進度。

2. 拒人於門外：「我來搞定。」

這類CEO亟需存在感，又喜歡當家作主的感覺。他們通常會與董事會保持一定的距離，尤其是情勢發展不如預期時，更不願見到董事會插手。

某位董事長回想起最近才開除的CEO：「他對待董事會就像養菇（環境陰暗潮濕）一樣，完全不說重要事情，把我們蒙在鼓裡，平常只透露一些無關緊要的小事。繼續這樣下去，實在不妥。」只要這類CEO無法繳出亮眼的成績單，董事會很快就會對他們失去信任，不滿的情緒也會油然而生。即使是微不足道的小錯，也會演變成提早開除的導火線。

3. 過度樂天：「好，太棒了，沒問題！」

由於急著有所表現，這類CEO往往會刻意避開棘手的議題，以免陷入尷尬、不自在的窘境。董事會起初很高興，認為CEO帶來的都是好消息，但當問題浮現，這類CEO會開始自圓其說，此時董事會就會逐漸失去耐心及信任。

另外，這類CEO也容易滿口答應，但最後無法完全做到承諾的事。他們過於樂觀，加上急於證明自己，因此時常給人不切實際的期待，使個人和團隊雙雙以失敗收場。

4. 凡事都要報備：「對了，還有一件事……」

這類CEO對於每件小事都要徵詢董事會同意，導致他們時常見樹不見林。董事可以、也應該協助CEO理清頭緒，然而，一旦治理跟管理之間的界線開始模糊，情況勢必混亂。如果CEO無法讓董事會專注於公司治理，反而允許董事介入例行營運的繁雜事務，CEO所帶領的團隊也會惱怒。

誰才是老大？

你要解開的第一道謎題是：董事會的權力互動如何運作？董事會中誰的影響力最大，他們又是如何運用權力？光是「紙上談兵」，一切都很清晰。董事會主席或董事長通常（但也有例外）影響力最大，其次是委員會主席，其中通常又以治理和薪酬委員會最具權力。如果貴公司爲投資人所有，交易方的位階一般會高於經營者。從這些基本原則切入是不錯的開始，但實際上，各企業的權力運作可能各有特色，並不拘泥於白紙黑字的規定。

新手CEO時常認爲，他們必須先證明自己的能力，才有資格與董事會平起平坐。他們往往不願意太早向董事會表明自己的領導主權。然而，你（以合理正當的方式）主動要求的權力愈多，能實際掌握的權力就愈大，這讓CEO時常陷入兩難。若CEO希望由董事會代爲訂定領導方向，董事通常很快就會指出，這樣的CEO並未盡到應有的職責。

我們之前輔導的新手CEO馬克（化名）就有類似經驗。這是馬克第一次當CEO，掌管的是一家中等規模的消費者產品公司。迎接他的並不是正常運作的董事會，反而比較像是沒有指揮官的行刑隊，群龍無首。前任CEO遭到開除後，只有勉強過半的董事支持由馬克接任。董事長支持馬克，但董事長即將卸任，政治資本也已耗用殆盡。另有三名董事很積極尋求其他成員支持，希望爭取董事長的大位，其中奧利佛（化名）是好管閒事型的領導者，他試圖暗中拉下馬克。好幾位眞正有能力的董事也無從干預，還有幾位打算辭職，對這渾水般的局面愛莫能助。

馬克想把所有心思放在衝刺事業。他需要董事會支持他推動一件重大收購案，另外還有一項複雜的資訊科技決策需要審愼研議。但眼見董事會分崩離析，決策遲遲無法有所進展，而自己落入如此處境，令他焦躁不安，但內心也明白不能輕忽這個問題。如果奧利佛當上董事長，他就得準備辭職。馬克帶著悲憤交加的心情，上門向我們求助。起初他認爲自己只是新上任的CEO，不應介入干涉，讓董事會內部自行協調即可。馬克討厭逾權行事，但他深覺公司需要一個機能健全的董事會，才有辦法成功。仔細分析整個情況之後，我們益發認清董事會不可能自主恢復應有秩序的事實，所以協助馬克了解董事會的權力運作，幫他找到切入的施力點，逐漸引導董事會走向對公司發展有利的局面。

找到合適的董事長及淡化奧利佛的影響力，是馬克最在意的首要任務。我們深入調查了奧利佛在董事會中的權力來源，歸納出幾個要點。第一，奧利佛的權力表現是經過「大聲公」助長的結果。在欠缺強勢董事長或董事會主席的情況下，位居二線的董事就有機可乘，在會議中強出頭，產生超乎其原有能力的影響力。取得話語權之後，這股力量時常會轉化成實質權力和影響力。

第二，奧利佛具有「好管閒事」的特質。他強行主導重要計畫，召開會議，插手行政事務。他是每次討論及開會的核心人物，因而擁有充分機會，得以經營人脈及私下運作。

奧利佛握有許多非正式的權力，並且一心想爭取董事長的大位。馬克無疑面臨了艱鉅的挑戰。幸好，馬克是極具天分的CEO，相當擅長**從交際中創造影響力**。我們建議馬克，不要與奧利佛正面衝突，而是鎖定有能力但無從參與事務的董事，用心經營與他們的關係。馬克在某項商業計畫中，主動爭取這些董事的支持，依照他們各自的專長和興趣安排職務。他清楚劃分每個人負責的工作，並公開表揚他們的貢獻。

董事會的氛圍開始有一些轉變。隨著董事會的焦點從爭權奪利移轉到認眞處理重要公務，奧利佛漸漸失去話語權，改由馬克陣營中那些眞正有貢獻的優秀董事主導董事會。奧利佛對此還不死心，雖然逐漸淡出正式的商務討論，但在檯面下的政治操作卻益發活躍。

到了票選新董事長的時候，馬克和即將卸任的董事長以及治理委員會的主席攜手合作，推行客觀透明的遴選程序，並頒布清楚的參選條件。奧利佛甚至未能擠進最後的票選名單。他那些自我意識至上的小動作花招百出，幸好其他董事紛紛做出正確決定。他形同步上了自我毀滅的不歸路。我們寫到這一章的此刻，奧利佛已經準備退出董事會。

馬克從未料到，他成為CEO後的第一個任務，竟然是幫助董事會重組。要不是情況真的太糟、對公司造成的風險太大，他大概也會選擇逃避，不會在上任第一年就以領導者的身分深入干涉董事會。從這次經驗中，他學到了寶貴的一課。

CEO或許沒有領導董事會的正式職權，但有責任引領公司步上成功的康莊大道，而為了達成這個目標，即使需要冒險處理董事會的相關問題，也在所不惜。

無論貴公司的董事會是運作正常的盡責組織，還是正在上演《冰與火之歌》（*Game of Thrones*）的權謀鬥爭戲碼，你都有責任釐清自身處境，從中找出與董事會的合作之道，共同將公司帶向成功的未來。

董事會的權力運作，遠比一群人的互動相處來得複雜，需要費心理解。首先，設法了解董事會過去的運作方式，例如：多久開會一次、多久會與前CEO及其他管理團隊的成員聯繫、董事對公司事務參與的程度、決策方式，正式會議之外是否還有其他傳遞資訊的管道，乃至於董事會最近一次化解危機所採取的辦法，都要有所掌握。

初步熟悉董事會後，就能在董事之間尋找以下常見的人格特質：

●全心投入的合作夥伴

這是你需要的董事類型。訪談過的CEO告訴我們，他們所接觸的董事會中，六十三%都是這種用心參與的董事④。這類董事擁有良好的判斷力，願意花時間了解公司事務，而且會坦率地提供思慮縝密的觀點並點出缺失，幫助你和公司獲致成功。他們深知自己的角色是要提供建議及承擔責任，不是直接管理企業。你可以主動培養及引薦合作夥伴，讓這類董事至少占全董事會的四分之三。在他們的輔助下，你可以突破思考盲點，發揮所有潛能，成爲優秀的CEO。

●沉默寡言的專家

這種類型的董事擁有好的想法及相關經驗，但除非你特地詢問，否則他們不會主動參與各方論點的攻防戰。他們不太可能冒險或表明立場支持你。一般來說，不多話的專家能力強，但在董事會中沒有影響力。你可以在體制內爲這類董事創造參與公司事務的機會，進而爲公司帶來更多價值。

舉例來說，如果某位董事的專業是企業併購，而你正好打算推動併購案，不妨介紹他／她與你的團隊認識，並請他／她分享最理想的併購方案及作法，同時協助你以獨立客觀的眼光評估團隊，而你也能藉此機會了解該領域的實務和執行方法。

掌握他們的專業所在，與董事會商討事務時主動詢問他們的看法，會是不錯的選擇。

●橡皮圖章

這類董事大多會遵從CEO的領導，或效力於最有威望的董事。他們的主要目標是在業界建立公認的名聲，好受聘進入其他董事會。由於他們最主要的本能就是自我防衛，因此發生衝突及遇到難題時，這些看似無害的橡皮圖章反而會成爲累贅，正因如此，他們並非值得倚靠的盟友。話雖如此，輕忽這類型的董事也不是明智之舉。

建議盡早觀察及了解他們最尊重哪些人。需做出重大決策時，這類董事往往會主動尋找各種線索，掌握你及其他有影響力的董事可能採取的立場。

●微觀管理者

這類董事渴望證明自身價値，有時也想展現優越感。他們的行爲可能會對CEO造成威脅，也可能擾亂董事會的權力互動。如果微觀管理型的董事立意良善且兼具才能，只是對自身的角色認知稍有誤解，你可以主動導引他們投入有利於公司和你的活動。樹立清楚的衡量指標，向他們坦言哪些作爲對你和公司有所助益，哪些可能會適得其反，藉此給予他們誠摯的意見。要是他們造成董事會的困擾，可委請董事會主席或董事長出面協調及輔導。若不幸所有方法都無效，可與公司的治理委員會聯手將對方從董事會除名。

●排隊中的CEO

這是覬覦你所在職位的董事。在你進入一家公司後，時常不難發現有一、兩個人（或甚至更多）希望取代你的位子，掌管公司。有時候，董事會刻意安插一個這樣的角色，以防緊急情況發生時能及早應變。也有一些情況是，這類董事在本業還有「未竟之事」，而且不管是否能如願獲得機會，他們都渴望證明自己可以做得更好。

確定接下CEO工作後，你可以打聽還有哪些競爭者，並詢問要是那些落榜的對手對公司造成困擾，董事會主席/董事長會如何處理類似問題。儘管很困難，但一開始盡量以寬大的心胸去認識這類董事，了解他們的貢獻、在董事會中的地位及動機。如果他們能為公司創造價值，設法與他們合作。要是他們不順從，並試圖干擾你執行公務，可以建議與董事會主席/董事長合力讓對方退出董事會。

●社運人士

有時避險基金或私募股權公司會在董事會中安插這類角色，以推動特定事務，或是這類董事本身就是公司的投資人。別浪費心力拉攏這類董事，他們效忠的對象是避險基金，不是你。即便如此，你還是應該了解他們意欲推動的事務，從中找到你們的共同利益。

現在，既然大致掌握了置身的處境，即可開始著手與董事會建立有效的合作關係了。

最需要詢問董事的問題

有許多CEO在剛上任的兩年期間，往往急於證明自己，特別容易感覺受挫。因此，他們時常採取「向上報告」的姿態面對董事會，亦即按部就班地報告領導成果、總結已完成的計畫及達成的階段目標，像個好學生一樣聽訓，記下每位董事的建議。在成爲CEO之前，他們可以輕鬆擄獲客戶的芳心，與老闆保持令人欽羨的友好關係，但到了需要面對至高無上的董事會時，他們似乎失去了原有的個人魅力。請回想一下第三章〈從交際中創造影響力〉和第八章〈成功錄取〉的建議，從中可以簡單總結：「與別人建立關係時，必定先認識他們，了解他們在意的事。」聽起來很簡單，對吧？但其實在上任頭兩年充滿焦慮及不安的非常時期，很多人都忘了這個道理。

最近，金接獲某家市值七千五百萬美元私募股權公司的委託，前往芝加哥輔導他們旗下零售公司的CEO，該公司董事長近來感覺極度挫敗，情緒面臨崩潰邊緣。金抵達時，CEO的態度充滿敵意。他認爲，具財務專長的董事會處處爲難他，毫不尊重公司要達到預期成長所需的必要試驗計畫。金聽他講了一個小時，過程中問了幾個基本問題，包括他對公司的規畫、對內部成長（organic growth）的期望等等。最後他憤憤不平地說：「快告訴我，怎麼讓董事會不再扯我後腿！」

於是，金問了另一個問題：「你曾想過董事長的立場嗎？你曾試著了解他的所有商業布局，而這家公司在裡面扮演著什麼角色嗎？」

他很誠實地承認，沒有。

「容我向你介紹一下董事長。他很年輕，就跟你一樣。這家公司是他最早的幾項大投資之一。他在證明自己，就跟你一樣。他賣力工作，好讓投資人信任他，進而願意拿出資金。這就是他得以投資各家公司的原因，你的公司就是其中一家。他的合作夥伴希望看到他督促你和這家公司協力創造成果，不願見你妄下賭注。數據，是他唯一的證據。在這一個小時中，你跟我聊了許多關於公司的事，但你並未提出任何數據。想要他放手讓你去做那些有風險的事？那就得用他重視的證據說服他。你必須列舉一系列數據來佐證，否則他永遠不會信任你，讓你放膽去做。」

想要與董事會和諧共處（跟其他人也一樣），必須先設身處地了解**他們**的績效評核標準及動機來源。除此之外，你還必須跳脫種種數據，更全面地認識他們。你可以一對一深入認識每位董事，了解他們的處境、壓力、夢想及恐懼。在CEO和董事會關係不佳的案例中，問題癥結通常在於兩者之間缺乏共同脈絡。此時的你高踞職涯巔峰，扮演著擁有極大權勢的角色，但隨之而來的是一群你不太認識的人，他們也跟你一樣擁有相同感覺。你需要他們信任你，然而信任必須建構在相同利益、信用和熟悉感等基礎之上。若無法投入足夠資源來滿足這三項要素的話，在你最需要董事會支援的時候，雙方關係的裂痕就會自然浮上檯面。

菸草大廠美國雷諾茲公司現任董事長蘇珊．卡麥蓉曾經是該公司的CEO。當時，她面對的董事會成員全是赫赫有名的人物，幾個重量級人物包括前白宮發言人約翰．貝納（John Boehner）、化工產品公司尤尼威爾（Univar）前CEO約翰．左爾莫，以及英美菸草公司（British American Tobacco）法務長傑洛姆．艾伯曼（Jerome Abelman），在卡麥蓉任內，艾伯曼持有美國雷諾茲公司的四十二％股份。卡麥蓉形容，所有董事都很支持她，這段合作關係讓她獲益良多，但這一切並非偶然，因爲她很用心經營與每位董事的關係。除了定期會晤之外，每兩年她就會親自拜訪每一個人。

「對於登門拜訪這件事，我的態度非常明確。」她說：「由我去拜訪他們，他們在熟悉的環境中會比較自在。這麼做可以展現你對他們的重視。」卡麥蓉認爲，每位新上任的CEO都需要抽空與每一位董事直接溝通，「這樣他們才能認識你，了解你所重視的事情和個性。不說別的，光是主動登門向他們請益，就能給他們某種程度的安心感，他們自然就會支持你。」換句話說，在雙方關係中挹注些許熟悉感，有助於鞏固他們給予支持的意願，在你下次端出策略提案時，這將決定他們要支持還是反對。

最後，不妨把開會想像成訪問**他們**，只是地點選在一個他們可以自在應答的環境，以顯示你對他們的尊重。你的目標是要建立友好關係，奠定與董事會理念一致及互信的基礎。上任半年內，你可以在一對一晤談時，向董事詢問以下幾個問題：

- **加入董事會，什麼事情最讓你感到振奮**？透過這個問題，你可以一窺董事的主要動機：**關聯性**？**地位**？**自我激勵**？**還是薪資**？大部分董事都是真心想爲公司創造更多價值，不過若能了解其背後**原因**，或許能幫助你找到董事能爲公司貢獻更多心力的地方。
- **你是在什麼機緣下加入董事會**？這個問題的答案可供你判斷該董事是否會表現獨立思考的作爲，還是必須顧及創辦人或投資人的立場。
- **董事會中，你最常跟哪位董事聊天**？這個看似天眞的問題其實可以透露不少訊息，你通常可以從中破解一個關鍵要素：**誰對誰有影響力**？藉由這個問題，你可以摸清檯面下的結盟情形，進而加以管理，促使所有私底下的交流互動浮上檯面。

- **過去在董事會中，你的時間和精力都怎麼分配**？這個問題可以幫助你了解該董事的職務和能力，同時洞悉董事會在你上任之前的運作狀況。
- **未來你想著重參與哪些事務**？**希望如何貢獻所長**？透過這個機會，你可以主動安排董事投入他們認為可以有所貢獻的事務。這能消除他們的疑慮，使他們有效參與及發揮專長，同時你也能清楚掌握從他們身上可得到多少時間及心力。
- **對於公司和我的CEO身分，你覺得一年內應該達成哪些目標才算成功？如果以三年來看，又應該設定哪些目標**？許多有關期許和策略的討論，都能以這個問題開頭。

若能在這層關係上用心經營，你就不會疑惑該如何與董事會互動，反而會更加篤定踏實。套句卡麥蓉的說法，定期一對一相處是「連點成線」的絕佳機會，你可確保所有人都已繫好安全帶，共同展開一趟賓主盡歡的愉悅旅程。

從和諧關係進展到高效合作

CEO生態系統

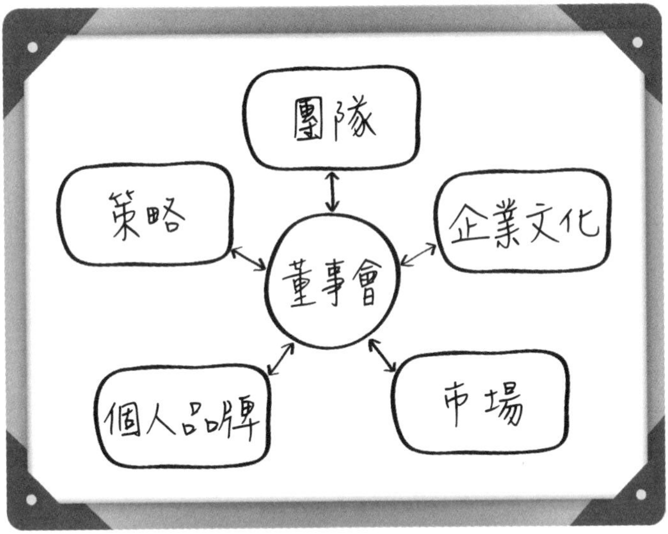

如前所述，一開始就用心認識各個董事，等於是種下一棵重要的幼苗，日後雙方關係必能成長茁壯，而要開花結果，必須不斷地謹慎互動及溝通，爲這段關係持續澆水和施肥。

美國運通公司的凱文·考克斯喜歡向CEO展示一張圖（見上圖），我們特地抄錄於本書。第一個看過該圖的CEO立即提出疑惑：「董事會不應該擺在中間，地位太突出了。」但那就是董事會真正的位置，考克斯這麼告訴他。「如果要為這張圖加點動畫效果，每一個方格之間可以畫上雙向箭頭。你不斷對董事會拋出議題，例如經營策略。擬好策略後，交付董事會多方評估，聽取他們的意見，再進一步調整策略。」

眼鏡零售商國家視線公司的CEO里德．法斯名列九個董事會中。他認爲，讓所有董事晚上能夠安心入睡，是CEO的責任。儘管你可能與董事會的關係緊密，也具備誠摯的合作夥伴精神，但仍有必要適時動用影響力及說服力。董事會內的資訊流通必須全面順暢，確保開會時不會出現任何意外「驚喜」。每位董事都應該事先看過文件，才有機會表達對內容的意見，而你也能有時間預先整理思緒，設想屆時董事可能提出的問題，做好答辯的準備。法斯表示，資訊不足就會形成眞空狀態，使董事有機可乘。一旦現場一片靜默，大家就會預設最壞的情況即將發生。要是眞的發生問題，董事會就會立刻介入處理，不給你解決問題的時間。

請切記，你是維繫公司命脈的關鍵。你所做的任何決定都是彙整了無數資料的結果，必須是根據當下局勢所能得到的最理想方案。反觀董事會，他們不像你那麼深入參與公司營運，但保持客觀距離比較容易發現問題與解決辦法之間的落差。此時，與董事會頻繁且深入地溝通，設法塡補這之間的差距，就是你的職責所在。以下提供幾種實務作法，這些建議皆曾協助CEO與董事會建立高效的合作關係：

●校準彼此對成功的定義

這聽起來是再明顯不過的道理，但我們看見許多CEO刻意迴避，不願深入探討相關細節，以免氣氛僵持不下而使局面尷尬，最後以失敗收場。這可能會進一步造成致命的一擊。有份報告研究了兩百四十六名董事，發現董事會和CEO是否擁有一致的策略和目標，是決定CEO職涯成敗的重要因素⑤。

軟體公司佩雷斯系統的CEO傑森・布萊辛告訴我們，他與董事和資金贊助人初期所遭遇的難題，發生於衡量績效上。後來他發現，解套方法無他，就是盡快界定清楚。身爲成長中的軟體即服務類型公司的CEO，他付出了慘痛代價，才學到這個教訓。

所有人都同意，客戶留存率是相當重要的一項指標。但開了幾次董事會以後，大家才開始明白，布萊辛和董事會衡量及解讀留存率的方式截然不同，因此才會導致不必要的衝突。爲了日後溝通順利，布萊辛向董事和財務長一對一說明，讓所有人都確實明白日後即將採用的留存率衡量指標，以及結果的容許範圍。回想這個過程，布萊辛說，但願他當初可以早點這麼做，最好在他首次察覺彼此的思維有所落差時，就應著手釐清這個問題。

●及早確立彼此的行事界線

不管是你或董事會需要遵守的規則，事前都務必確實釐清。法斯分享了他認爲稱職的董事會應盡到的六項責任，包括：

1. 聘請及開除CEO，並督促其負起應有的責任。
2. 就策略願景和規畫達成共識。
3. 審核年度預算。
4. 就重大風險提供建議。
5. 核准年度稽核報告。
6. 不阻礙CEO管理公司。

就這些！其他事情由CEO全權決定是否讓董事會參與。不過，是否清楚講明這一點，必須由你決定，尤其是董事會的資歷不足時更重要。另外，還要提早釐清董事會是否有什麼特殊要求：董事會**不接受**哪些事情出現意外？他們希望參與哪些決策，又是以何種程度參與？

●指派任務

想要董事做出有效貢獻，使他們的專業物盡其用，最好的方式是針對每位董事設定清楚明確的優先工作事項。你已經拿到委員會章程，但所有董事是否都清楚知道你需要他們提供哪些輔助，是值得打上問號的問題。

艾琳娜有一次輔導一位CEO，他的董事會中有位董事是難得的人才，但對方已萌生退意。「給他一點有意義的事情做！」她這麼告訴客戶。「幫他找點可以樂在其中，又能為公司帶來實質價值的事。」這位CEO認爲艾琳娜大錯特錯，因爲那位董事之所以打算辭職，就是因爲沒時間爲公司貢獻專長，但他還是同意試試看。CEO委託該董事領導重大收購案的工作小組，這正是他的專長，因此當那位董事走出會議室，自然可見他重新充滿鬥志，士氣高昂地準備大顯身手。「他跟我說，自從加入董事會開始，他從未這麼亢奮！」那位CEO說道。

●與董事長或董事會主席合作

有些CEO對此有些誤解，認爲董事長或董事會主席愈不管事，他們的權力愈大，但事實是相反的。你需要一位時間與紀律兼備的優秀領導者，稱職地爲你召集所有專業人才，將他們聚集到會議室，你才能聽取他們獨到的見解。若是能與董事長並肩合作，他會是你統整不同觀點的最佳夥伴，進而幫助你帶領公司大步邁進，避免各方意見衝突四起，討論毫無進展。

●引介新的人才

聘請你的董事會不一定就是輔助你執行CEO職務的理想軍師。不管公司市值已從三千五百萬美元成長到五億美元，還是你的經營方式與前朝大相逕庭，你對董事會的需求不太可能永遠不變。董事會沿革是相當錯綜複雜的課題，稍一不慎可能就會引發反效果。最理想的情況，是公司政策及董事會的權力結構，可允許你在上任前幾年期間，推薦幾名值得信任且有能力的人才加入董事會，協助你履行職務。

薇琪．艾絲嘉拉（Vicki Escarra）在非營利組織賑濟美國（Feeding America）擔任CEO期間，便積極整頓了董事會。剛就任一週，她就找上董事長，也就是寶僑的現任CEO大衛．泰勒（David Taylor），與他商量董事會的改組方向。

●揪出事倍功半的行為

化工公司杜邦的前董事長和CEO傑克．柯羅爾告訴我們，他發現董事會容易只有兩、三個人的意見，其他人鴉雀無聲——他們要不是不關心，就是不確定自己能有什麼貢獻。對此，柯羅爾採取逐一點名的方式，詢問每位董事的看法，藉此督促所有人積極思考。這麼做之後，他發現往常保持沉默的董事，時常能提出很棒的構想。

●從股東的角度思考

最近有個投資人告訴我們，某家公司的CEO疑似偏袒員工，不是站在股東的立場決策，因此慘遭開除。CEO終究是要爲股東創造價值。這個職位特殊，時常夾在各路代表不同利益的人馬之間。你可能需要反駁董事會所設立的過高期待，同時激勵團隊爭取更高的績效。CEO的言行舉止必須像個擁有公司所有權的大老闆，才能追求卓越成果。

宣布壞消息的大學問

即使是成就卓越的CEO也可能在最脆弱的時候——宣布壞消息的時候——結巴。面對痛苦的挫敗時，他們會突然變得像美國演員約翰．韋恩（John Wayne）一樣，一股腦兒地獨自處理所有問題，或者也可能發自內心地認爲，問題都在掌控之中。他們的如意算盤總是**先**把問題解決，**再**向董事會報告。宣布壞消息從來不是一件簡單的事。但之前各章就曾提到犯錯（甚至重大過錯）是家常便飯，不需大驚小怪。

「及早溝通，頻繁溝通。」克莉絲塔．安斯蕾回憶她在職場上最煎熬、壓力最大的時期，很有感觸地說道。那是她接管非營利財務管理軟體公司阿比拉的第一年，當時正值九月。她在辦公桌前看著第三季的損益報告，差點心臟病發。那一年年底，公司預計會虧損八十萬美元。這「重重的一摔」頓時讓她不知所措。

如今回想起來，當時的問題顯而易見：她身邊沒有適當的支援。她沒有財務長，僅有的財務副總不僅資歷不足，也跟安斯蕾一樣沒有與董事會共事的經驗。「面對陌生的董事會，我不知道與他們溝通的合適方法和時機。」她自我剖析。

另外，她也花了過多心力準備嚇人的一百五十頁簡報，鉅細靡遺地解釋公司營運和活動。然而，對於全是財務投資人的董事會來說，他們只在乎有益於獲利的條件與獲利幅度。「那段日子實在很煎熬。老實說，他們要是開除我，我也覺得合情合理。」

她繼續參加在德州奧斯汀舉辦的下一場董事會，走進會場時，她甚至不確定散會後自己會不會失業。她向董事會報告了損益情況，雖然無比氣餒，但還是承擔了所有責任。即便如此，她依然要董事會與她一同展望未來，這次虧損並未動搖她對現有策略的堅定信念。「我立即提出具體計畫，為他們建立信心。」她這麼說。「我相信公司未來一定會有所成長，我們那時的策略很正確，這一點我有信心。」她深信自己擁有公司需要的經營經驗。

在那場會議中，安斯蕾的表現可圈可點。她並非在現場丟出一個未有定論的問題，獨留董事會傷腦筋。相反地，她虛心接受錯誤，毫無隱藏地陳述所有事實，並提出清晰、篤定的未來計畫，包括加強團隊實力。她唯一還有的進步空間，就是再早一點發現問題並適時提醒公司「注意，這裡出現問題」，然後尋求協助。另外還有一個問題就是，她的經驗不足，不知道從何尋求援助。

董事會決定支持她。接下來幾個月，董事會除了幫她聘請需要的專業顧問之外，也同意她外聘董事，輔助她履行CEO的職務。該董事擁有豐富的銷售背景，同時也熟悉企業營運，有能力居中協調這兩類事務。因此，董事會的討論主軸才能從起初的報告檢討，進展到利用重要指標（例如客戶流失或通路的成交機會）展望未來，並深入探討創造價值之道。

截至二〇一七年（她正式卸下CEO的身分後），公司總共新增了兩條生產線、完成三件收購案並完成整合，而且公司市值成長超過兩倍。她在二〇一六年卸任時，當年的成長率高達兩位數。「在優秀團隊的協助下，我成了更符合公司需求的CEO，我們將資源投注於適當的地方，終於讓公司脫胎換骨。」她謙虛地表示。「這就像爬山一樣，一步一腳印，不疾不徐，等到站在山頂回頭望時，你才不禁驚呼：『哇，竟然爬這麼高了？』。」遙想當時，壞消息彷彿無法跨越的阻礙，若拉長時間來看，這只是安斯蕾通往成功之路的一小步。她能有這番成就，大多是因爲她能從早期的經驗快速學習，擺脫壞消息的糾纏後，才能在職場上大放異采。

成功的CEO可以脫穎而出，並非一路順遂毫無挫折，而是處理挫折的方式成就了他們。我們從諮商及訪問過的CEO身上，統整了讓他們獲益匪淺的重要體悟：

- 及早且頻繁溝通，確保一切盡在掌握之中，以免節外生枝。
- 對問題負責，語氣力求不卑不亢，別過度道歉或為自己辯駁；焦點應放在修正公司的發展方向。
- 切忌辯駁。清晰簡潔的根本原因分析，就足以顯示你對問題的負責態度。過多解釋反而像是在找藉口及推卸責任，這樣只會使你愈陷愈深，破壞董事會對你的信任及觀感。
- 若有正當理由需要道歉，誠摯道歉後馬上著手下一項事務。姿態不宜過於卑微，語氣也不可逢迎諂媚。
- 從展望未來的角度擬設預警性質的營運指標，而非只是拘泥於檢討前一個月的營收和獲利表現。等到確定無法達成獲利目標時，通常已經來不及調整方向。
- 設法提出對策，確實掌握當下發生的問題、對公司的最終影響、根本成因及解決途徑。若還沒有清楚的規畫，可先思考你需要知道哪些細節，或哪些方法可以幫助你取得支援，達成上述目的。
- 比起試圖掩飾，偶爾回答：「我也不清楚，我們深入調查後會盡快給你答覆。」反而能促進彼此的信任，改善觀感。

讓這一切值得

即使是頂尖的CEO，偶爾也難免感嘆，若要與董事會建立有效的合作關係，實在得投入太多時間與心力。董事會究竟會成為你堅強的後盾，抑或是把你逐出公司，很大一部分取決於你和他們相處的情形。若雙方的關係經營順利，公司及身為CEO的你都將獲益匪淺，當初的悉心投入也將值回票價。

我們請亞特．柯林斯推薦一位擅長與董事會建立高效率合作關係的CEO。他曾擔任醫療用品公司美敦力的董事長和CEO，以及多家非營利組織和營利企業的董事，包括波音、美國合眾銀行、美國鋁業公司、美國嘉吉公司（Cargill）等，與董事會及CEO的合作經驗豐富。一聽到我們的請求，柯林斯隨即推薦理查．戴維斯（Richard Davis）為最佳模範。戴維斯曾任職於總部位在明尼蘇達州明尼亞波利斯（Minneapolis）的美國合眾銀行，是該銀行的前董事長暨CEO。

戴維斯在洛杉磯長大，小時候是鑰匙兒童的他，出社會後進入銀行服務，從櫃檯人員的基層工作做起，最終當上CEO。原本美國合眾銀行只有區域銀行的規模，但在戴維斯的領導下，蛻變成為美國第五大商業銀行。柯林斯在美國合眾銀行董事會中任職超過二十年，曾擔任該銀行的治理、財務及薪酬委員會主席，並在戴維斯成爲CEO後，前後擔任董事長數次，兩人的合作關係十分緊密。

柯林斯所關注的全球頂尖CEO中，戴維斯以非凡的溝通能力脫穎而出。戴維斯悉心經營自己與董事會的關係，確認彼此對事務的重要順序保持一致之外，也時時分享他的看法與疑慮，並持續尋求董事會坦率的意見回饋，且實際執行。戴維斯成爲CEO後，便立即與每位董事接觸，了解哪些事情符合他們的要求，而哪些需要改變。柯林斯回想：「戴維斯的溝通方式總是遵守透明、積極、即時、完整等幾個原則。他會很誠懇地盡力分享他所知道的事實，毫不加油添醋。如果他對事情有任何建議，也會盡早告訴我們。要是還不清楚行動方向，他就會先通盤檢視計畫，從中找出解決辦法，並告訴我們最快什麼時候可以知道他的決定。還有一點也很重要，我們從來不覺得戴維斯在對我們畫大餅，他也不曾扭曲事實來支持他的觀點。因為這樣，董事會才如此信任他。」

二〇〇八年發生金融危機時，就是董事會的這股信任和雙方一致的步調，使得一切有所不同。戴維斯當上CEO差不多才滿一年，整個美國就捲入經濟嚴重衰退的危機，尤其銀行業更是首當其衝，損失慘重。雖然許多企業的董事會紛紛祭出防禦措施，且主要著重於緩解風險，戴維斯反而建議美國合衆銀行繼續投資基礎建設及客戶支援，爲公司持續挹注成長動能。

柯林斯回憶起該銀行面對這一段艱困時期的情況：「全球金融體系面臨危機，同業大多採取撙節方針。雖然我們比業界其他競爭對手的狀況好很多，終究還是面臨了減少成本的龐大壓力。不過，戴維斯察覺到投資的機會，希望透過投資帶給客戶更優質的服務，進而吸收競爭對手的市占率。我們將他的提議拿到董事會上討論，意識到要是增加的開銷未能充分轉化成營收成長，我們的獲利和股價都會遭殃。尤其在當時的時空背景下，這種作法形同豪賭，因為沒有人知道經濟還要多久才會觸底反彈，景氣回春。即使承受難以估量的龐大壓力，戴維斯對董事會依舊展現一貫的坦率態度，客觀地分析眼前的機會與風險。董事會最後會決定支持他的投資計畫，主要是看在他為人誠實，而且我們也相信他的判斷。」

在金融危機期間實施擴張策略，可說是美國合眾銀行的轉捩點，使其得以蛻變爲美國規模及獲利前幾名的銀行，不僅員工多達五萬八千名，營收也高達兩百一十億美元⑥。金融公司彩衣傻瓜（Motley Fool）最近指出：「就金融危機期間及後續發展而言，除了上百家銀行倒閉，還有多家被迫打折出售，或是在經濟陷入谷底時增資稀釋原有的股權，但美國合眾銀行從未有任何一季出現淨損失⑦。」

如今，戴維斯已將職務成功交棒給安迪．齊切雷（Andy Cecere），目前正在思索職業生涯的下一步。他回想這一路的歷程，深信是美國合衆銀行的董事會將他淬鍊成眞正成熟又成功的CEO。「柯林斯這種功成名就的領導者及其他董事，提供了客觀的外部觀點，提出有建設性的質疑，並督促我不斷地思考，使我成為更有效率的領導者及更出色的CEO。在我正式以CEO身分進入公司時，柯林斯就告訴我，永遠都要將董事會視為寶貴資源而非威脅。我謹記著他的忠告，對於董事會的群體智識及建議毫不懷疑，是這些要素協助我做出更理想的決策，我們的員工、客戶和股東也才能因此獲益。」

有了本章的深入解析之後，你已經在起點勝過大多數首次擔任CEO的新手，與董事會的關係將不再是焦慮的來源，而是公司的競爭優勢、成長動能，以及你的最佳後援。

重點回顧

❶ 積極與董事會建立高效率的合作關係，在就任初期就要著手經營。

❷ 與每位董事都要維持「緊密親近」的關係。用心了解每個人的需求、在乎的事及利益。判斷董事之間的互動關係及權力運作。

❸ 主動邀集董事投入公司事務，將其能力轉化為對公司的支援，並就各董事扮演的角色及參與原則與之協調，讓雙方步調保持一致。

❹ 通盤掌握一切事務，避免節外生枝！

後記：從平凡邁向卓越

如果安於現狀，生命就會失去應有的熱情。

——納爾遜．曼德拉（Nelson Mandela），南非前總統時常有人要我們列舉「完美」的CEO名單，但在輔導及評估超過三百名CEO之後，我們發現只要是深入認識了CEO，就不會貿然為他們冠上「完美」的稱號。所有成長背景都可能造就成功的CEO。如今公認的許多傑出CEO，初入職場時，都是再平凡不過的一般人。他們每一位都經歷過混亂的煎熬期、遭遇過嚴重挫敗，就像你可能在職場上遇到的一樣。

本書介紹許多CEO的案例，在超過一萬七千名領導者的追蹤紀錄基礎上，具體說明並凸顯這十年來的研究結果。希望你能從他們的親身經歷、豐功偉績和挫折失敗中，得到和我們一樣的結論：這些CEO的職涯收穫同樣適用於所有人。不管你是立志成為領導者，或單純想在職場上自我精進及有所貢獻，本書是你直接向企業界多位成功人士學習職涯智慧及經歷的絕佳管道。

隨著這趟學習旅程即將進入尾聲，我們發現難免還是得回答「完美」CEO的老問題。雖然世界上沒有所謂的完美CEO，但有一種類型的領導者的確值得我們獻上最崇高的敬仰。

他們就是所謂「高抱負、高績效」的領導者。除了精通CEO四大致勝行為之外，這類領導者還能實踐兩種有鑑別度的行為，為股東創造非凡**價值**。他們擁有清楚的抱負，並能塑造以鮮明**理念**為根基的企業文化。

我們很幸運曾經遇見好幾位高抱負、高績效的領導者，第十章提到的拉伊・古普塔就是其中一位。他在印度長大，家裡除了擔任土木工程師的父親及專職家庭主婦的母親，還有五名兄弟姊妹[1]，是再平凡不過的家庭。誰會想到他有一天會掌管《財星》雜誌五百大企業的其中一家，更沒料到他會領導羅門哈斯公司，在長達十二年的任期中，帶領公司成爲五百大企業中股價表現居次的股王。這番成就具體展現了**穩健追求成果**的特質，這是多少人奢望卻難以達到的境界！

古普塔帶領中等規模的特殊化學品公司羅門哈斯公司，蛻變成業界領導廠商，成就非凡。從一開始，他就發揮**決斷力**，在一季中完成三件收購案。一九九九年至二〇〇九年間，道瓊工業平均指數市值蒸發二十七％。同一期間，羅門哈斯公司在古普塔的領導下，股價飆升了一一七％[2]。在古普塔達成這些成就時，同樣處於許多CEO所面臨的諸多險境之中。羅門哈斯公司成功賣給陶氏化學公司後，古普塔便全心投入所服務的公司。除了公益活動之外，他也以顧問身分支援二十四位CEO，並在基金管理公司領航投資（Vanguard）、惠普公司、汽車零件公司德爾福汽車（Delphi Automotive）等十五家公司的董事會中擔任董事。

古普塔在收到我們的訪問邀約，並得知預計談到最值得驕傲的成就後，欣然答應在早上七點與我們透過Skype通話。「我每天還是凌晨四點起床。」他說。「任職羅門哈斯公司的那段時間，早上一向是我工作效率最好的時候，這習慣改不掉。」

從訪談中可知，古普塔在乎的是能爲後輩留下什麼無形的資產。他剛協助小女兒凡妮塔．古普塔（Vanita Gupta）辦完公益活動，她是民權與人權領袖大會（Leadership Conference on Civil and Human Rights）的CEO。古普塔的許多前同事不約而同地從美國各地飛到賓州幫忙，實踐他們內心深信的使命。「我堅信這個國家的繁榮奠基於兩大原則：法治及平等機會。」古普塔說道。「以移民身分來到美國的我，無疑就是這些原則的直接受益者。確保這些價值能持續發揚光大，是我和每一位領導者責無旁貸的義務。我能站上職涯的巔峰，同樣是受惠於這些價值。在羅門哈斯公司擔任CEO時，我也盡力將這些價值融入公司文化。」

只要看一下古普塔的團隊成員，就不難發現這些價值。女性、拉丁美洲人、非裔美國人、亞洲人、歐洲人共聚一堂，各自在專業領域大放異采。在當時的《財星》雜誌五百大企業中，這支領導團隊的多元化程度堪稱名列前茅。多年後，古普塔的十三名直屬成員陸續成爲全球各大公司的CEO，傳承了他所堅守的價值，爲企業界留下不容抹滅的貢獻。

「你來自什麼背景並不重要。」古普塔這麼說。「只要你繳出漂亮的工作成果，羅門哈斯公司就願意給你不設限的表現空間。我們之所以能讓企業界跌破眼鏡，表現超越外界的預期，這就是祕訣所在，而這也是我們可以成為『CEO的搖籃』的原因。長期股東權益報酬是評估CEO最關鍵的一項指標。不過對我們來說，報酬是一種付出，不是收入。我們的重點在於組織優秀的團隊，為我們的客戶以及全球仰賴羅門哈斯公司養家及生活的兩萬三千名員工做正確的事。」

對古普塔來說，不論以前或現在，這項任務多少和私心有關。我們都知道，CEO一職能帶來權力、福利、報酬和讚美，但古普塔說，這份工作唯一讓他懷念的是人。古普塔叫得出全球將近一千名員工的名字。「我最喜歡CEO這份工作的地方，就是為每個人的生活帶來改變，鼓勵並幫助他們發揮連自己都意想不到的潛能。這就是我退休後任職於董事會、寫書、諮詢、教育、輔導時，繼續在做的事。」他說道。

古普塔的故事精采非凡，但並非特例。**高抱負、高績效的領導者每天一睜開眼，就是想著如何為他人創造更豐碩的成果**。CEO和其他領導者可能對上百人、上千人，有時甚至是數百萬人的生活帶來顯著的影響。

最後，希望你能協助我們達成這本書的初衷。我們倆各自都有兩個小孩，就像世界上所有的父母一樣，我們最大的願望就是看見孩子在安全公平、欣欣向榮的世界中成長茁壯，發揮他們與生俱來的潛能。領導者擁有非同小可的龐大權力，足以形塑這個世界。是領導者幫助人類實現登上月球的夢想；是領導者促成柏林圍牆倒塌；是領導者公開鏈球菌的祕密，才有可能製作治療基因遺傳疾病的解藥。但同樣地，領導者也有可能修築圍牆、妨礙進步、排斥特定族群。

我們的願望是協助好的領導者勝出。不管你的出發點或最終目的地爲何，我們都熱切希望本書能鼓勵及幫助你徹底發揮潛力，成爲一個讓世界更好的領導者。

正視你內心的懷疑和缺點，並運用書中提供的建議加以克服。在這趟探索旅程接近尾聲之際，希望你能體會我們深信不疑的一個事實：

你也是當 CEO 的料。至少，你大有機會可以努力實現這個夢想。

重要的是，記得要把協助你成功的忠告和援助傳承下去，造福他人。

致謝

感謝ghSMART的客戶給我們機會，讓我們有幸可以擔任他們的領導顧問。

感謝勇敢無畏的公司創辦人傑夫·斯馬特和合作夥伴藍迪·史崔特，沒有他們，這一切不可能實現。

感謝願意與我們分享想法和故事的領導者，包括：比爾·亞梅利奧、香堤·艾金絲、克雷格·巴恩斯、多明·巴頓、湯姆·貝爾、瑪德琳·貝爾、瑪麗·伯娜、傑森·布萊辛、蘇珊·卡麥蓉、西蒙·卡斯泰拉諾斯、史考特·克勞森、大衛·柯爾曼、亞特·柯林斯、史考特·庫克、凱文·考克斯、理查·戴維斯、吉姆·唐納德、克莉絲塔·安斯蕾、湯姆·艾瑞克森、薇琪·艾絲嘉拉、里德·法斯、尼爾·費斯克、李察·佛斯特、比爾·弗萊、阿圖·葛文德、史帝夫·戈爾曼、拉伊·古普塔、泰德·霍爾、羅伯特·韓森、吉姆·哈里遜、弗萊德·哈珊、查克·希爾、珍·霍夫曼、艾里·傑米爾、維邁斯·喬西約西、史帝夫·考夫曼、吉姆·基爾茲、娜塔莉·柯岡、溫蒂·科伯、馬特·克雷默、傑克·柯羅爾、達明·麥當諾、湯姆·莫納漢、伊娃·莫斯柯薇茲、里奧·穆林、道格·彼得森、南西·菲莉普、威爾·鮑威爾、賴瑞·普利爾、伊恩·瑞德、羅恩·羅斯、賽斯·席格爾、道格·希普曼、安迪·希弗耐、唐·斯萊格、布拉德·史密斯、吉姆·史密斯、羅伯特·史帕諾、琳達·史碧蘭、庫爾特·史托文克、丹·汀克、埃莉薩·維拉紐瓦·比爾德、基內·韋德、梅納德·韋伯、里斯托夫·韋伯、羅伯·威格、阿什利·惠特、安妮·威廉絲—伊瑟姆、大衛·沃克斯、唐·齊爾、約翰·左爾莫、Andrew Appel、Claire (Yum) Arnold、Jerry Bowe、Karen Cariss、Bob Carr、Stephen Cerrone、Zia Chishti、Amy Churgin、Will Dean、Ann Drake、Mike Feiner、Ben Geyerhahn、Shikhar Ghosh、Matthew Goldstein、Lisa Gordon、Patrick Gross、Frank Hermance、Robert Keane、Cidalia Luis-Akbar、Woodrow Myers、Elizabeth Nabel、Christian Nahas、Lara O'Connor Hodgson、Susan Packard、Mary Petrovich、Glen Senk、Matthew Simoncini、Sally Susman、Ashu Suyash、Bhairav Trivedi。

感謝我們的研究團隊成員，包括史蒂文·卡普蘭、莫頓·索倫森、Arthur Spirling、Andrew Peterson、Leslie Rith-Najarian、Kimie Ono、Lisa Hecht；另外，也要感謝Fiona McNeill、Beverly Brown及賽仕公司團隊其他成員的大力協助。

感謝我們的經紀人Lorin Rees。

感謝我們的編輯Roger Scholl，及Currency的出版團隊。

感謝我們的公關Mark Fortier和他的團隊。

謝謝Amy Bernstein、Susan Donovan、Sara Green Carmichael、Amy Poftak的犀利意見，以及這段日子的嚴格指教，敦促我們不斷淬鍊腦中的構想。

謝謝Sara Grace和Tahl Raz，沒有他們的話，這本書大概還無法完成，是他們讓這本書大幅提升了層次，超越我們原本所想像的高度。

謝謝提供精闢見解的合作夥伴，包括George Anders、Karen Dillon、Mary Anne Nahas、Howard Means、Nathan Means、Stephanie Pitts、Paige Ross、Mukul Pandya、Glenn Rosenkoetter、Andrew Feiler。他們看了手稿後，都不吝犧牲時間和精神，提出深入淺出的想法與建議，讓我們著實受益良多。

謝謝Jeanette Messina和Beth Olenski，若沒有他們適時的指引，我們早就迷失方向。

最後要感謝我們的同事，不少人讀過某些章節的未定稿版本，撰寫期間，他們以不同方式詳述了領導者對這世界的正面影響，使這本書得以順利誕生。尤其要感謝Nicole Wong、Steve Kincaid、Vamsi Tetali、Jason Fiftal、Claudio Waller、Sanja Kos及Kim Lemmonds Henry願意投入上百個小時的寶貴時間，無償地爲本書奉獻心力。

附註

Chapter 1 CEO基因大解密

① "Highest-rated CEOs 2017: Employees Choice," Glassdoor, 2017, https://www.glassdoor.com/Award/Highest-Rated-CEOs-LST_KQ0,18 .htm.

② Geoff Smart, Randy Street, and Alan Foster. Power Score: Your Formula for Leadership Success (New York: Ballantine Books, 2015), 56.

③ "2014 Study of CEOs, Governance, and Success," Strategy&, 2014, https://www.strategyand.pwc.com/media/file/2014-Study-of-CEOs -Governance-and-Success.pdf.

④ Nelson D. Schwartz, "The Decline of the Baronial C.E.O.," New York Times, June 17, 2017.

⑤ "Statistics of U.S. Businesses: 2008," U.S. Census Bureau, 2008, https://www.census.gov/epcd/susb/latest/us/US--.HTM.

⑥ Katheryn Kobe, "Small Business GDP: Update 2002–2010," Small Business Administration, January 2012, https://www.sba.gov/content/small-business-gdp-update-2002-2010.

⑦ "Statistics of U.S. Businesses: 2008," U.S. Census Bureau, 2008.

⑧ George Anders, “Tough CEOs Often Most Successful, A Study Finds,” Wall Street Journal, November 19, 2007.

⑨ Steven N. Kaplan and Morten Sørensen, “Are CEOs Different? Characteristics of Top Managers,” Columbia Business School Research Paper Series, presented at Paris Finance Meeting, December 2016, https://ssrn.com/abstract=2747691.

⑩ Brett Collins, “Projections of Federal Tax Return Filings: Calendar Years 2011–2018,” Internal Revenue Service, 2012, https://www.irs.gov/pub/ irs-soi/12rswinbulreturnfilings.pdf.

⑪ “CEO Genome Project,” ghSMART, 1995–2017, http://CEOgenome.com/about/.

⑫ Kaplan and Sørensen, “Are CEOs Different? Characteristics of Top Managers,” Columbia Business School Research Paper Series, presented at the Paris Finance Meeting, December 2016, http://ssrn.com/abstract =2747691.

⑬ “Women CEOs of the S&P 500,” Catalyst, August 4, 2017, http://www.catalyst.org/knowledge/women-CEOs-sp-500.

⑭ F. L. Schmidt and J. E. Hunter, “The Validity and Utility of Selection Methods in Personnel Psychology: Practical and Theoretical Implications of 85 Years of Research Findings,” Psychological Bulletin, 124 (1998): 262–74.

⑮ "CEO Genome Project," ghSMART, SAS, 1995–2017, http://CEOgenome.com/about/.

⑯ "2014 Study of CEOs, Governance, and Success," Strategy&, 2014.

⑰ "CEO Genome Project," ghSMART, SAS, 1995–2017.

⑱ Richard Boyatzis, Competent Manager: A Model for Effective Performance (Hoboken, NJ: John Wiley & Sons, 1982), 4.

⑲ Benedetto De Martino, Dharshan Kumaran, Ben Seymour, and Raymond J. Dolan, "Frames, Biases, and Rational Decision-Making in the Human Brain," Science 313.57 (2009): 684–87.

⑳ Geoff Smart and Randy Street, Who: The A Method for Hiring (New York: Ballantine Books, 2008).

Chapter 2 果斷決定

① "CEO Genome Project," ghSMART, SAS, 1995–2017, http://CEOgenome.com/about/.

② John Antonakis, Robert J. House, and Dean Keith Simonton, "Can Super Smart Leaders Suffer from Too Much of a Good Thing? The Curvilinear Effect of Intelligence on Perceived Leadership Behavior," Journal of Applied Psychology 102.7 (2017): 1003–21.

③ "CEO Genome Project," ghSMART, 1995–2017, http://CEOgenome.com/about/.

④ Noel Tichy and Ram Charan, "Speed, Simplicity, Self-Confidence: An Interview with Jack Welch,"

Harvard Business Review, September/ October 1989.

⑤ Bob Evans, “How Google and Amazon Are Torpedoing the Retail Industry with Data, AI, and Advertising,” Forbes.com, June 20, 2017.

⑥ Purva Mathur, “Hand Hygiene: Back to the Basics of Infection Control,” Indian Journal of Medical Research 134.5 (2011): 611–20.

⑦ Brad Smith, “Three Things I Wish I’d Known Before Becoming a CEO,” LinkedIn, 2016, https://www.linkedin.com/pulse/three-things-i-wish-id-known-before-becoming-CEO-brad-smith?trk=v-feed.

⑧ Ben Casnocha, “Reid Hoffman’s Two Rules for Strategy Decisions,” Harvard Business Review, March 2015.

⑨ “CEO Genome Project,” ghSMART, SAS, 1995–2017.

⑩ Daniel Kahneman, Thinking, Fast and Slow (New York: Farrar, Straus and Giroux, 2011), 13.

⑪ George S. Patton, Paul D. Harkins, and Beatrice Banning Ayer Patton, War as I Knew It (Boston: Houghton Mifflin Co., 1947), 402.

⑫ Chip Heath and Dan Heath, Decisive: How to Make Better Choices in Life and Work (New York: Crown Business, 2013).

⑬ Michael Norton, Daniel Mochon, and Dan Ariely, “The IKEA Effect: When Labor Leads to Love.”

Journal of Consumer Psychology 22.3 (2012): 453–60.

⑭ Ben Horowitz, The Hard Thing About Hard Things: Building a Business When There Are No Easy Answers (New York: HarperBusiness, 2014), 183.

Chapter 3 從交際中創造影響力

① “CEO Genome Project,” ghSMART, SAS, 1995–2017, http://CEOgenome.com/about/.

② Steven Kaplan, Mark Klebanov, and Morten Sørensen, “Which CEO Characteristics and Abilities Matter?” Working paper, University of Chicago, 2007.

③ Sucheta Nadkarni and Pol Herrmann, “CEO Personality, Strategic Flexibility, and Firm Performance: The Case of the Indian Business Process Outsourcing Industry,” Academy of Management Journal 53.5 (2010): 1050–73.

④ Matthew J. Belvedere, “Warren Buffett Wants to End Wall Street’s Broken Earnings Game.” CNBC.com, August 15, 2016.

⑤ “Orchestra,” Wikipedia, https://en.wikipedia.org/wiki/Orchestra.

⑥ Lucinda Shen, “United Airlines Stock Drops ①4 Billion After Passenger-Removal Controversy,” Fortune.com, April 11, 2017.

⑦ Jon Ostrower, "The 10 Things United Is Doing to Avoid Another Dustup, Drag-out Passenger Fiasco," Money.CNN.com, April 27, 2017.

⑧ "CEO Genome Project," ghSMART, 1995–2017, http://CEOgenome.com/about/.

⑨ Nicholas Epley, Mindwise: How We Understand What Others Think, Believe, Feel, and Want (New York: Alfred A. Knopf, 2014).

⑩ Susan Cain, Quiet: The Power of Introverts in a World that Can't Stop Talking (New York: Crown Publishing, 2012), 11, 264.

⑪ "CEO Genome Project," ghSMART, SAS, 1995–2017.

⑫ 出處同前。

Chapter 4 力求沉穩可靠

① "CEO Genome Project," ghSMART, SAS, 1995–2017, http://CEOgenome.com/about/.

② 出處同前。

③ "CEO Genome Project," ghSMART, 1995–2017, http://CEOgenome.com/about/.

④ Thomas W. H. Ng and Lillian Eby, "Predictors of Objective and Subjective Career Success: A Meta-Analysis," Personnel Psychology 58 (2005): 367–408.

⑤ Teresa Amabile and Steven Kramer, The Progress Principle: Using Small Wins to Ignite Joy, Engagement, and Creativity at Work (Boston: Harvard Business Press, 2011), 3.

⑥ Adam Bryant and Jeffrey Swartz, "What Makes You Roar? He Wants to Know," New York Times, December 19, 2009.

⑦ Warren Bennis, On Becoming a Leader (New York: Basic Books, 2009), 152.

⑧ Karl E. Weick and Kathleen M. Sutcliffe, Managing the Unexpected: Resilient Performance in an Age of Uncertainty (Hoboken, NJ: Jossey-Bass, 2007).

⑨ John T. James, "A New, Evidence-Based Estimate of Patient Harms Associated with Hospital Care," Journal of Patient Safety 9.3 (2013): 122–28.

⑩ Edgar H. Schein, "On Dialogue, Culture, and Organizational Learning," Reflections: The Society of Organizational Learning Journal 4.4 (2003): 27–38.

⑪ "CEO Genome Project," ghSMART, 1995–2017.

⑫ 同上。

⑬ Atul Gawande, The Checklist Manifesto: How to Get Things Right (New York: Metropolitan Books, 2010), 177 (emphasis added).

Chapter 5 大膽調整

① Richard Foster, e-mail message to authors, July 23, 2017.

② "CEO Genome Project," ghSMART, 1995–2017, http://CEOgenome.com/about/.

③ "CEO Genome Project," ghSMART, SAS, 1995–2017, http://CEOgenome.com/about/.

④ Richard S. Tedlow, "Fortune Classic: The Education of Andy Grove," Fortune.com, March 21, 2016.

⑤ Andrew S. Grove, Only the Paranoid Survive: How to Exploit the Crisis Points That Challenge Every Company and Career (New York: Currency Doubleday, 1996), 89.

⑥ "CEO Genome Project," ghSMART, 1995–2017.

⑦ Jianhong Chen and Sucheta Nadkarni, "It's About Time! CEOs' Temporal Dispositions, Temporal Leadership, and Corporate Entrepreneurship," Administrative Science Quarterly 62.1 (2017): 31–66.

⑧ Brad Smith, "Three Things I Wish I'd Known Before Becoming a CEO," LinkedIn, 2016, https://www.linkedin.com/pulse/three-things-i-wish-id-known-before-becoming-CEO-brad-smith?trk=v-feed.

⑨ "CEO Genome Project," ghSMART, 1995–2017.

⑩ Hal Gregersen, "Bursting the CEO Bubble," Harvard Business Review, March/April 2017.

⑪ Herbert A. Simon, "Designing Organizations for an Information-Rich World," chapter published in Computers, Communication, and the Public Interest (Baltimore: The Johns Hopkins Press, 1971), 40–41.

⑫“CEO Genome Project,” ghSMART, 1995–2017.

階段整合

① Jeff Bezos, “2016 Letter to Shareholders,” Amazon, April 12, 2017, https://www.amazon.com/p/feature/z6o9g6sysxur57t.

② “CEO Genome Project,” ghSMART, 1995–2017, http://CEOgenome.com/about/.

Chapter 6 職涯推進器

① “CEO Genome Project,” ghSMART, 1995–2017, http://CEOgenome.com/about/.

② “Korn Ferry Survey: 87 Percent of Executives Want to Be CEO, Yet, Only 15 Percent of Execs Are ‘Learning Agile,’ a Key to Effective Leadership,” Korn Ferry, October 2, 2014, https://www.kornferry.com/press/korn-ferry-survey-87-percent-of-executives-want-to-be-CEO-yet-only-15 -percent-of-execs-are-learning-agile-a-key-to-effective-leadership/.

③ Christian Stadler, “How to Become a CEO: These Are the Steps You Should Take,” Forbes.com, March 12, 2015.

④ “CEO Genome Project,” ghSMART, 1995–2017.

⑤ "Best Business Schools," U.S. News & World Report, https://www.usnews.com/best-graduate-schools/top-business-schools/mba-rankings?int=9dc208.

⑥ "CEO Genome Project," ghSMART, 1995–2017.

⑦ 出處同前。

⑧ 出處同前。

⑨ Justin Fox, "What Makes Danaher Corp. Such a Star?" Bloomberg.com, May 19, 2015.

⑩ "CEO Genome Project," ghSMART, 1995–2017.

⑪ "CEO Genome Project," ghSMART, SAS, 1995–2017, http://CEOgenome.com/about/.

⑫ "CEO Genome Project," ghSMART, 1995-2017.

Chapter 7 脫穎而出

① "CEO Genome Project," ghSMART, 1995–2017, http://CEOgenome.com/about/.

② 出處同前。

③ Polina Marinova, "Read Benchmark's Letter to Uber Employees Explaining Why It's Suing Former CEO Travis Kalanick," Fortune.com, August 14, 2017.

Chapter 8 成功錄取

① Steven N. Kaplan and Morten Sørensen. "Are CEOs Different? Characteristics of Top Managers," Columbia Business School Research Paper Series, presented at the Paris Finance Meeting, December 2016, https://ssrn.com/abstract=2747691.

② "CEO Genome Project," ghSMART, SAS, 1995–2017, http://CEOgenome.com/about/.

③ 出處同前。

④ "CEO Genome Project," ghSMART, Arthur Spirling, 1995–2017, http://CEOgenome.com/about/.

⑤ "CEO Genome Project," ghSMART, SAS, 1995–2017.

⑥ "CEO Genome Project," ghSMART, 1995–2017, http://CEOgenome.com/about/.

⑦ 出處同前。

⑧ Justin Fox, "What Makes Danaher Corp. Such a Star?" Bloomberg.com, May 19, 2015.

⑨ Keith L. Alex, "Chief Executive of US Airways Resigns," Washington Post, April 20, 2004.

Chapter 9 金字塔頂端的五大危險

① "CEO Genome Project," ghSMART, 1995–2017, http://CEOgenome.com/about/.

② 出處同前。

③ 出處同前。

④ Matthew J. Belvedere, "Larry Summers: Brexit Worst Shock Since WWII and Central Banks Are Out of Ammo." CNBC.com, June 28, 2016.

⑤ "CEO Genome Project," ghSMART, 1995–2017.

Chapter 10 快速整頓你的團隊

① "CEO Genome Project," ghSMART, 1995–2017, http://CEOgenome.com/about/.

② 出處同前。

③ James C. Collins, Good to Great: Why Some Companies Make the Leap . . . and Others Don't (New York: HarperBusiness, 2001), 13.

④ President John F. Kennedy, delivered in person before a joint session of Congress, May 25, 1961.

⑤ "Office Hours with the President," https://president.stanford.edu/office-hours/.

⑥ Geoff Smart, Randy Street, and Alan Foster, Power Score: Your Formula for Leadership Success (New York: Ballantine Books, 2015); Geoff Smart and Randy Street, Who: The A Method for Hiring. (New York: Ballantine Books, 2008).

Chapter 11 與巨人共舞

① “CEO Genome Project,” ghSMART, 1995–2017, http://CEOgenome.com/about/.

② 出處同前。

③ 出處同前。

④ 出處同前。

⑤ “Transitions in Leadership: A 2011 Corporate Board Member/RHR International Study on Managing Successful CEO Transitions,” RHR International, 2011, http://www.rhrinternational.com/sites/default/files/ pdf_files/Transitions%20in%20Leadership%20A%202011%20 Corporate%20Board%20 Member%20RHR%20International%20 Study.pdf.

⑥ “U.S. Bancorp,” Wikipedia, https://en.wikipedia.org/wiki/U.S._Bancorp.

⑦ John Maxfield, “Is U.S. Bancorp Stock Safe?,” fool.com, July 8, 2017.

後記：從平凡邁向卓越

① Raj Gupta, Eight Dollars and a Dream: My American Journey (Lulu Publishing Services, 2016).

② 彭博資料庫，二〇一七年八月十六日取用。

索引

◎七畫

◎**九畫**

◎**十畫**

◎十三畫

◎十四畫

◎十五畫

◎十六畫

◎十七畫以上

CEO基因——四種致勝行爲，帶他們走向世界頂尖之路

作　　者——艾琳娜・L・波特羅（Elena L. Botelho）
金・R・鮑威爾（Kim R. Powell）
譯　　者——張簡守展
特約編輯——洪禎璐
發 行 人——蘇拾平
總 編 輯——蘇拾平
編 輯 部——王曉瑩、曾志傑
行銷企劃——黃羿潔
業 務 部——王綬晨、邱紹溢、劉文雅

出版社——本事出版
發　行——大雁出版基地
地址：新北市新店區北新路三段 207-3號 5樓
電話：(02) 8913-1005
傳眞：(02) 8913-1056
E-mail：andbooks@andbooks.com.tw
劃撥帳號——19983379　戶名：大雁文化事業股份有限公司
美術設計——COPY
內頁排版——陳瑜安工作室
印　　刷——上晴彩色印刷製版有限公司
2019年 01 月初版
2024年 02 月二版 1 刷
定價　580元

ISBN 978-626-7074-76-3

國家圖書館出版品預行編目資料
CEO基因——四種致勝行爲，帶他們走向世界頂尖之路
艾琳娜・L・波特羅（Elena L. Botelho）&金・R・鮑威爾（Kim R. Powell）/著
張簡守展 / 譯 ---.二版.– 新北市；
譯自：THE CEO NEXT DOOR——The 4 Behaviors That Transform Ordinary People into World-Class Leaders
本事出版　：大雁出版基地發行，2024 年 02 月　面　；　公分. –
ISBN 978-626-7074-76-3(平裝)
1.CST:領導者 2.CST:企業領導 3.CST:職場成功法
494.21　　　　112020056